U0300576

山地城镇建设安全与防灾协同创新专著系列

低碳建造——从施工现场到产业生态

叶堃晖　著

中国建筑工业出版社

图书在版编目（CIP）数据

低碳建造——从施工现场到产业生态/叶堃晖著.
北京：中国建筑工业出版社，2017.6
（山地城镇建设安全与防灾协同创新专著系列）
ISBN 978-7-112-20646-9

Ⅰ.①低… Ⅱ.①叶… Ⅲ.①建筑设计—节能设计—
研究 Ⅳ.①TU201.5

中国版本图书馆 CIP 数据核字（2017）第 072635 号

本书作者对于低碳建造开展了多年的研究，最终完成该书的写作。其主要内容包括：低碳建造论、施工活动低碳化、施工现场管理低碳化、低碳建造与企业管理融合、打造低碳建造产业生态等。

本书原创性高，并具有很强的系统性、高度的指导性，适合工程管理及相关专业的师生阅读，也可供建筑施工企业的管理人员参考。

责任编辑：张伯熙 杨 允
责任设计：李志立
责任校对：李欣慰 李美娜

山地城镇建设安全与防灾协同创新专著系列
低碳建造——从施工现场到产业生态
叶堃晖 著

*

中国建筑工业出版社出版、发行（北京海淀三里河路 9 号）

各地新华书店、建筑书店经销

唐山龙达图文制作有限公司制版

北京圣夫亚美印刷有限公司印刷

*

开本：787×1092 毫米 1/16 印张：12¾ 字数：220 千字
2017 年 11 月第一版 2017 年 11 月第一次印刷
定价：52.00 元
ISBN 978-7-112-20646-9
（30300）

山地城镇建设安全与防灾协同创新专著系列

编委会名单

主　任：周绪红

副主任：张四平　毛志兵　文安邦　王清勤　刘汉龙

委　员：（按姓氏笔画排序）

卢　峰　申立银　任　宏　刘贵文　杜春兰

李正良　李百战　李英民　李和平　吴艳宏

何　强　陈宁生　单彩杰　胡学斌　高文生

黄世敏　蒋立红

总　序

中国是一个多山国家，山地面积约为 666 万 km²，占陆地国土面积的 69%，山地县级行政机构数量约占全国的 2/3，蓄积的人口与耕地分别占全国的 1/3 和 2/5。山地区域是自然、文化资源的巨大宝库，蕴含着丰富的水力、矿产、森林、生物、旅游等自然资源，也因多民族数千年的聚居繁衍而积淀了灿烂多姿的历史遗迹与文化遗产。

然而，受制于山地地形复杂、灾害频发、生态脆弱的地理环境特点，山地城镇建设挑战多、难度大、成本高，导致山地区域城镇化水平低，经济社会发展滞后，存在资源低效开发、人口流失严重、生态环境恶化、文化遗产衰落等众多经济社会问题。截至 2014 年，我国云南、贵州、西藏、甘肃、新疆等山地省区城镇化率不足 40%，距离《国家新型城镇化规划（2014～2020）》提出的常住人口城镇化率达到 60% 的发展目标仍有很大差距。因此，采用"开发与保护"并重的方式推进山地城镇建设，促进山地城镇可持续发展，对于推动我国经济结构顺利转型、促进经济社会和谐发展、支撑国家"一带一路"发展战略具有不可替代的重要意义。

为解决山地区域城镇化建设的重大需求，2012 年 3 月重庆大学联合中国建筑股份有限公司、中国建筑科学研究院、中国科学院水利部成都山地灾害与环境研究所共同成立了"山地城镇建设协同创新中心"，针对山地城镇建设面临的安全与防灾关键问题开展人才培养、科技研发、学科建设等创新工作。经过三年的建设，中心围绕"规划—设计—建造—管理"的建筑产业链，大力整合政府、企业、高校、科研院所的优势资源，在山地城镇建设安全与防灾领域汇聚了一流科研团队，建设了高水平综合性示范基地，取得了有重大影响的科研理论与技术成果。迄今为止，中心已在山地城镇生态规划、山地城镇防灾减灾、山地城镇环境安全、山地城镇绿色建造、山地城镇建设管理等五大方向取得了一系列重大科研成果，培养和造就了一批高素质建设人才，有力地支撑了山地城镇的重大工程建设，并着力营造出城镇建设主动依靠科技创新、科技创新更加贴近城镇发展需求的良好氛围。

　　《山地城镇建设安全与防灾协同创新专著系列》集中展示了山地城镇建设协同创新中心在山地城镇生态规划与文化遗产保护、山地灾害形成理论与减灾关键技术、山地环境安全理论与可再生能源利用、山地城镇建设管理与可持续发展等领域的最新科研成果，是山地城镇建设领域科技工作者智慧与汗水的结晶。本套丛书的出版，力图服务于山地城镇建设领域科学交流与技术转化，促进该领域高层次的学术传播、科技交流、技术推广与人才培养，努力营造出政产学研高效整合的协同创新氛围，为山地城镇的全面、协调与可持续发展做出新的重大贡献。

中国工程院院士
重庆大学校长　　周绪红

前　言

辩证唯物主义认为，任何事物都是矛盾统一体，现实世界就是人类社会和自然的矛盾统一。一方面，人与自然相互依存，互为补充。另一方面，人类认识自然、改造自然的能力发生了前所未有的变化，原有的自然容貌处处留下人类的足迹。这种"人化自然"的现象表明了人与自然客观上已形成依存链、关联链和渗透链，要求人类在认识自然、改造自然、发展自我的同时，应遵照社会发展规律，自觉按规律办事，实现人、自然、社会三者的和谐统一。

自18世纪中叶工业革命发生以来，人与自然的关系在许多方面逐渐失衡。工业革命推动经济增长和人类生活水平提高，但也留下严重的环境问题。人口爆炸、能（资）源短缺、环境污染成为全球共同的危机，纯物质的文明形态已表现出隐含的病态特征，如此下去必然会束缚人类的发展步伐。尤其是大量使用煤炭、石油等化石燃料，排放有害气体及温室气体。煤和石油不完全燃烧产生一氧化碳、二氧化硫等有害气体和固体颗粒物，对人类健康及生存环境造成严重的危害。二氧化碳等温室气体排放到大气中，加剧全球变暖，海平面上升，许多滨海地区面临被淹没的可能。此外，空气污染日益严重，氧气层稀薄，酸雨频发，淡水资源变少，地球物种锐减，也呼唤人们正确面对不断恶化的发展环境。

人类扰乱自然之状态，自然反过来否定人类之行为，似乎存在一种"洪荒之力"总要回归到原有的状态。人与自然这种否定与反否定的关系实际就是矛盾统一关系。这种关系如果处理不当，人类社会出现灾难就为时不远。所幸的是，人们逐渐认识到发展经济与保护环境同等重要，不能将发展建立在环境破坏之上。

当前，我国正在实施新型城镇化建设，任重而道远。其中，不乏使用高能耗建造模式。建筑生产过程排放碳，释放残留物，对环境造成许多负面影响。减少建筑生产碳排放是一项系统工程，要求工程建设参与主体转变观念，积极变革，采取切实有效的应对措施。

低碳化在建筑业的应用与发展可统称为"低碳建造"。如果建筑业能朝着低碳建造的方向发展，实现清洁生产、绿色人居、生态有机，对我国人居环境、社会经济建设和可持续发展无疑将作出实质贡献。

本书立足全球经济社会发展和环境危机的大背景，论述低碳建造的相关概念、理论和方法，可供高等院校、企事业工作人员参考。由于作者水平有限，望读者给予批评和指正为荷。

本书在撰写过程中得到中央高校基本科研业务费 No.106112016 CDJSK 03 XK 08 资助，张倩、叶萌、张芮郗、袁欣、刘颖、闫莉、庞政跃、朱文辉、齐乐乐等人积极参与其中，提供了宝贵的支持与帮助，在此深表谢意！

目　　录

1　绪　　论

1.1　由环境现状说起

人与自然和谐相处是人类社会实现可持续发展的前提和基础。自工业革命以来，人类向自然索取过度，生产生活排放出大量残留物，致使环境问题日益恶化。与此同时，自然对人类的"抵制"与"惩罚"越来越频繁，世界各国不得不思考如何在"发展快"和"环境美"之间形成微妙的平衡。

1. 我国面临棘手的环境与能源问题

（1）巨额碳赤字下的环境危机

碳赤字是由于绿色植被面积与碳排放总量间有差距，人类生产生活释放出来的二氧化碳不能完全被吸收而形成的。如果全部二氧化碳能被绿色植被吸收，就是"碳中和"；反之，二氧化碳净增加就会出现"碳赤字"。

研究表明：在 2005 年以前，G8 国家（八国集团）已用完 2050 年前碳排放配额，累加的碳赤字已超过 5.5 万亿美元（以每吨二氧化碳价值 20 美元计算）。即使 G8 国家实现预先设定的碳排目标，它们在 2006～2050 年人均排放量还会明显高过发展中国家，还将形成 6.3 万亿美元的碳赤字。[1]巨额碳赤字的背后是人类对大自然的贪婪索取和不理智行为，而导致环境问题不断恶化。

1）全球变暖

近百年来，全球气温经历了"冷—暖—冷—暖"的波动变化，总体呈上升趋势。从 20 世纪初开始，地球表面平均温度每年增加 0.6℃左右。20 世纪全球变暖的速度在过去 400～600 年间是最快的。

人类大量使用矿物燃料（如煤、石油等），排放出数额巨大的二氧化碳等温室气体，是引起全球变暖的主要原因。温室气体对来自太阳的短波辐射具有高度

---

[1] 丁仲礼，段晓男，葛全胜，张志强，2050 年大气 CO_2 浓度控制：各国碳排放权计算 [J]. 中国科学，2009，39（8）：1009-1027.

的透过性，又能吸收地球变暖后反射出的长波辐射，使得地球成为一个巨大的温室。进而导致全球气候变暖，危及自然生态系统，威胁人类的食物供应和居住环境。研究表明，地球表面温度升高都会给地球带来程度不一的灾难（表1.1）。

地球表面温度升高及其结果 表 1.1

地球表面温度	结　果
升温低于 2℃	北极冰帽消失,地球能量平衡急剧变化,北极熊失去赖以生存的冰原
升温 2～3℃	二氧化碳浓度过高造成海水酸化,摧毁剩余的珊瑚礁,多数浮游生物灭绝,破坏海洋食物链,鲭鱼、须鲸等面临绝种危机
升温 3～4℃	高山冰川融化,下游城市与农田无水可用,受干旱、热浪之苦,农作物大面积受损,全球粮食供应出现危机
升温 4～5℃	冻土层融化,释放大量甲烷,全球变暖加速。亚热带地区因极端热浪与干旱而不适合农作物生长,人类迁徙至极地地区
升温 5～6℃	地球温度已是过去 5000 万年中最高值,北极地区温度高于20℃,全年无冰。沙漠入侵欧洲中部,甚至接近北极圈
升温 6℃更高	海洋生物大半死亡,难民只能待在高原与极地,全球人口锐减,地球上 90%的物种可能灭绝

2）酸雨频繁发生

酸雨是指空气中二氧化硫和氮氧化物等酸性污染物引起的 pH 值小于 5.6 的降水。受酸雨危害的地区会出现土壤和湖泊酸化，植被和生态系统受损，建筑材料、金属结构和文物被腐蚀等问题。

酸雨最早出现在 20 世纪五六十年代的北欧及中欧地区，由工业酸性废气迁移所至。20 世纪 70 年代以来，许多工业发达国家采取多种措施防治大气污染，增加工厂烟囱的高度。虽然这一举措改善了周边地区的大气环境质量，但空气污染物却长距离迁移，污染物飘浮到更远的地方，形成跨国酸雨。

3）生物链断裂

实现人类社会可持续发展要求物种灭绝速度与生成速度保持一致。在全球气候变暖、生物链和食物链屡受破坏的情况下，物种衰亡速度明显高于生成速度。比如，随着大气变化海洋二氧化碳含量逐渐上升，致使海洋微生物因海水酸化而灭绝。海洋温度上升破坏了以珊瑚为中心的生物链，海洋食物链自下而上断裂，甚至蔓延至海洋以外，加速海洋生物和其他生物的灭亡。据《世界自然资源保护大纲》估计，每年有数千种动植物灭绝，危及人类食物供应链。

如果将自然界形象比喻为金融系统，那么人类至今已经透支了大量自然资源，背负巨额的环境债务。倘若将人与自然界的资源来往当作成一份资产负债表，那么能源是其中最大的资产项，而碳排放量就是最大的负债项。要促使这个"金融系统"健康成长，就应在增加资产的同时偿还债务，减少碳排放。

（2）能源发展过程

什么是"能源"？《科学技术百科全书》将其定义为"可从其获得热、光和动力等能量的资源"；《大英百科全书》认为："能源是一个包括所有燃料、流水、阳光和风的术语，人类用适当的转换手段便可让它为自己提供所需的能量"。简言之，能源是自然界中为人类提供能量的物质资源。按形态与应用方式可将能源分为固体燃料、液体燃料、气体燃料、水能、电能、太阳能、生物质能、风能、核能、海洋能和地热能。其中，前三类统称为化石燃料。

人类的能源利用经历了火与柴草、煤炭与蒸汽机、石油与内燃机等时代，目前正处于新能源开发利用与可持续发展阶段。在全球能源利用总量持续增长的同时，能源结构也在发生变化（见图1.1）。每一次能源变迁，都伴随着生产力解放，都在不同程度上推动人类社会经济朝前发展。

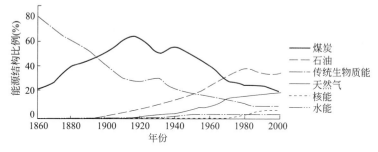

图 1.1　过去 100 多年世界能源结构的变化[2]

1）火与柴草时代

火和柴草相结合的能源体系加速了原始社会劳动者、劳动工具和原材料迅速发展。人类对火的掌握和利用无疑增强了自身对自然界资源的利用，但此时的能源仅限于柴草等传统的生物质能。

---

[2]徐蕾，要文倩，纪红兵等. 海南省非粮生物柴油能源植物的调查化学组分的测定及筛选研究. 植物科学学报，2011，29（1）：99-108.

2）煤炭与蒸汽机时代

近代工业文明发源于英国。英国不仅改良蒸汽机，还拥有得天独厚的煤炭资源以及率先进行的"能源革命"，使煤炭逐步取代木材，成为当时的主导能源。英国在1712年煤炭年产量约为300万t，1750年几乎翻了一番，到18世纪末达到1000万t，成为名副其实的煤炭王国和全世界第一个现代能源经济国家。煤炭的广泛使用，极大地推动早期资本主义生产力的发展。

3）石油与内燃机时代

石油与内燃机掀起了人类能源史的第三次变革，石油的应用和内燃机的发明给运输领域带来革命性变化。19世纪后期，德国人卡尔·本茨成功制造了第一个汽油内燃机驱动汽车。随后，以内燃机为动力的机车、远洋船舶、航空器不断出现。在福特发明汽车生产线之后，人们的出行方式发生巨大的变化。另一方面，内燃机的发明促进石化工业的发展，人们开始提取氢、苯、煤焦油合成染料。通过化学合成的方法，美国人发明了塑料，法国人发明了人造纤维。由于石油、内燃机和电力的应用，人类社会由"蒸汽时代"步入了"电气时代"。

4）新能源开发与利用时代

当前，世界各国都在寻求新能源以应对环境危机。一般说来，新能源分为可再生能源和可持续能源（见表1.2）。前者指可循环可转化的能源（如水、风、生物能），后者指可持久供应且较稳定的能源（如太阳能、核能、氢能）。

新能源及其分类 表 1.2

新能源分类	能源类型	特　点
可再生能源	海洋能	海洋中的可再生能源，包括潮汐能、波浪引起的机械能和热能。其中，潮汐能是由太阳、月球对地球的引力及地球自转导致海水潮涨潮落形成水的势能。潮头落差大于3米的潮汐就具有产能利用价值，潮汐能主要用于发电
	风能	地球表面大量空气流动所产生的动能，包括风能动力和风力发电等利用形式。其优点是清洁、节能、环保，不足之处在于不稳定、转换效率低和受地理位置限制
	生物质能	由生命物质代谢和排泄出的有机物质所蕴含的能量，包括森林能源、农作物秸秆、禽畜粪便和生活垃圾等，有直接燃烧、生物质气化、液体生物燃料、沼气、生物制氢、生物质发电等利用形式。其优点是低污染、分布广泛、总量丰富，缺点在于资源分散、成本较高

新能源分类	能源类型	特　点
可持续能源	太阳能	从光热利用、太阳能发电和光化学转换三种形式看。太阳能具有利用普遍、清洁、能量巨大、持久等优点,缺点是分布分散、能量不稳定、转换效率低和成本高
	核能	原子核里核子(中子或质子)重新分配和组合时所释放的能量。核能发电是利用核反应堆中核燃料裂变所释放出的热能,据计算,1kg 铀-235 裂变释放的能量大致相当于 2400t 标准煤燃烧释放的能量
	氢能	氢是宇宙中分布最广泛的物质,可以由水制取,每 1kg 液氢的发热量相当于汽油发热量的 3 倍,燃烧时只生成水,是优质、干净的燃料

（3）经济发展对能源的依赖越来越明显

改革开放以来,我国能源消耗从 1978 年的 57144 万 t 标准煤,增加到 2012 年的 361732 万 t 标准煤,年均增长率 9.08％。从图 1.2 可以看出,我国能源消费与生产总值的变化趋势基本一致,呈逐年上升的态势。从图 1.3 可知,除了 2003 年和 2004 年,各年 GDP 的增长速度都高于能源消费的速度。随着节能减排政策实施、产业结构调整、低碳技术推广,全国能源消费总量虽然在短期内不会波动太大,但从长期来看增长速度将有所减缓。

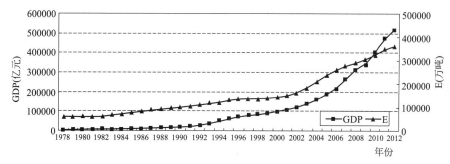

图 1.2　我国 1978 年至 2012 年能源消耗量（E）与国内生产总值（GDP）

我国经济发展对能源提出巨额需求,能源需求量以每年 7.26％的速度保持递增态势。[3] 由此可见,能源消耗量与经济发展速度成正相关关系,发展经济必然会使用巨额能源。

（4）我国面临的能源挑战

1）传统能源日渐枯竭

①煤炭方面。当前,煤炭是我国的主要能源,占能源消费总量的 68％。我

[3] 贺斯琪. 我国经济—能源—环境系统的数量变动关系研究 ［D］. 华北电力大学,2013.

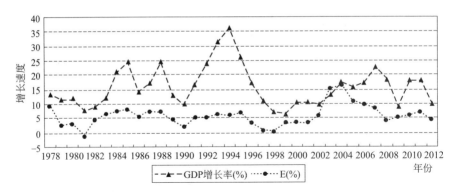

图 1.3　中国 1978～2012 年能源消费增长速度与经济增长速度

备注：GDP 代表国内生产总值，单位亿元人民币；E 代表能源消费总量，单位万吨标准煤

国已探明可利用煤炭储量约为 2000 亿 t，如果维持每年生产 25 亿 t 的速度，还可供应 80 年。我国煤炭资源地理位置分布不均，质量参差不齐，许多地方开采效率较低。此外，还面临着其他一些压力和困境。比如：煤炭储量不足，到2020 年供给量缺口将达到 1200 多亿 t。生产能力不足，2020 年前还需要新增煤炭生产能力 10 亿 t，需新建百万吨级的大型煤矿 1000 个左右。运输能力不足，我国煤炭消费主要集中在东部地区，煤炭资源主要分布在北部和西部，这种资源分布与需求地理分布的失衡，决定了北煤南运、西煤东运的格局在短期内难以改变。

②电力方面。我国人均用电量仅为世界人均水平的 1/3，每年供电缺口在800 亿千瓦时左右。在高峰时期，全国电力缺口高达 2500 万千瓦时。尽管水力、火力和核能发电站发展迅速，但仍然满足不了大部分地区的需求。

③石油方面。我国已探明可开采石油储量 23 亿 t，14 年之后基本开采完。未来 15 年我国石油需求量和能够得到供应的石油量之间的缺口将越来越大。

总之，我国能源需求总量大，面临着液体燃料短缺、环境污染严重、温室气体排放加剧、城镇化所需能源的供应不足等问题。

2）能源市场桎梏

传统能源不仅有自身庞大的产业体系，还因其强大的产业关联效应，带动冶金业、制造业、化工业、建筑业和交通运输业的发展。因此，许多国家把能源生产视为现代经济发展的物质基础。然而，能源生产在一定程度上仍然受到限制。比如，我国风能资源非常丰富，但高成本、高价格制约着技术商业化。与同类技术相比，风能生产成本比化石燃料高得多，风力发电成本是煤电的 1.7 倍，无疑会削弱风能推广的市场竞争力。我国风电资源集中在"三北地区"（西北、东北、华北），而电力需求主要集中在东部沿海地区，供求在地理位置上不匹配。太阳能符合国家能源开发政策，但光伏发电是煤炭发电成本的 6 倍，是风力发电的 3～4 倍。一次性投入大，限制太阳能产品的推广。

3）新能源技术短板

虽然新能源的好处很多，但从技术层面来看，我国能源利用效率仍然不高。近年来，我国单位产出能耗和资源消耗水平明显高于国际先进水平，火电供煤消耗高达 22.5％，吨钢能耗高达 21％，水泥综合能耗高达 45％。我国单位 GDP 能源消耗是美国的 4.3 倍，日本的 11.5 倍。能源利用率仅为美国的 26.9％，日本的 11.5％。

可见，我国能源可持续利用之路漫漫，在传统能源日渐枯竭的背景下，面对市场带来的诸多桎梏，需要突破大量的技术瓶颈，方能达到能源的合理使用，走出一条绿色可持续的康庄大道。

2. 我国经济发展与能源利用之"拐点"

由于经济增长方式、管理方式、体制机制等方面的原因，我国环境污染、生态危机在短短 20 年间就集中出现。与发达国家相比，每单位 GDP 废水排放量高出 4 倍，单位工业产值产生的固体废弃物高出 10 倍以上。这种高投入、高消耗、高排放、低效率的粗放型增长方式早已难以为继，资源环境矛盾十分尖锐。在新形势下，寻找能源利用格局的"拐点"，解决经济发展与能源短缺困局，意义重大。

（1）我国能源供给与需求现状

1）能源供给

能源供应有两个渠道——国内生产和国外进口。

2014 年年底，我国煤探明储存量为 15317.0 亿 t，页岩气首次探明地质储量 1068 亿 m^3，石油勘查新增探明地质储量 10.6 亿 t，天然气 9438 亿 m^3。45 种主要矿产中有 36 种矿产的查明资源储量增长。我国重要矿产资源查明程度平均为 30.3％，矿产潜力巨大。但我国人口众多，人均能源拥有量少，能源分布不均，供给量不足。

由于国内能源需求量大，我国需要不断地从国外进口能源。表 1.3 给出了近十年能源生产基本情况，从中可以看出我国能源生产量和进口量的年度变化。

中国能源生产与进出口（单位：万t标准煤）   表 1.3

年　份	能源生产量	进口量	出口量
2003	171906	15769	11017
2004	196648	20048	12701
2005	216219	26952	11447
2006	232267	31057	10925
2007	247279	34904	10298
2008	260552	36764	9955
2009	274619	47313	8440
2010	296916	55736	8846
2011	317987	62262	8447
2012	331848	／	／

数据来源：国家统计局。

2）能源需求

我国现阶段对化石能源依赖大（如表 1.4 所示），从国家能源安全和环境保护的角度看，调整能源结构主要是减少煤炭消费，降低对石油的依赖度。

能源消费与二氧化碳排放量   表 1.4

年份	能源消费总量（万t标准煤）	占能源消费总量的比重（%）				二氧化碳排放量[①]（万t）
		煤炭	石油	天然气	水电、核电、风电	
2003	183792	69.8	21.2	2.5	6.5	441485.34
2004	213456	69.5	21.3	2.5	6.7	511395.47
2005	235997	70.8	19.8	2.6	6.8	567006.51
2006	258676	71.1	19.3	2.9	6.7	623056.68
2007	280508	71.1	18.8	3.3	6.8	675836.97
2008	291448	70.3	18.3	3.7	7.7	695324.18
2009	306647	70.4	17.9	3.9	7.8	731360.31
2010	324939	68.0	19.0	4.4	8.6	766501.88

年份	能源消费总量	占能源消费总量的比重（%）				二氧化碳排放量①
	（万 t 标准煤）	煤炭	石油	天然气	水电、核电、风电	（万 t）
2011	348002	68.4	18.6	5.0	8.0	826655.93
2012	361732	66.6	18.8	5.2	9.4	暂缺
2013	375000	66.0	18.8	5.8	9.8	暂缺

数据来源于《中国统计年鉴 2014》。

①由二氧化碳排放系数与各类型能源消耗量相乘得出，二氧化碳排放系数选自于国家发改委关于印发《节能低碳技术推广管理暂行办法》的通知（发改环资〔2014〕19 号）。

（2）坚持与环境和谐统一，积极探索经济发展"拐点"

美国经济学家格鲁斯曼等学者发现，颗粒物、二氧化硫等污染物长期的排放总量与经济增长的关系呈倒"U"形曲线。也就是，环境污染物排放随着经济发展呈先升后降的趋势。当一个国家经济水平较低时，污染物排放较少，对环境的影响也较小；之后，污染物排放总量随着经济发展同步上升，对环境的影响越来越大；当达到一定的极限后，如果污染程度没有超过阈值，经济一旦转型升级，那么环境污染物排放量便开始下降。

我国经济发展与能源息息相关。改革开放初期粗放的发展模式耗用大量的环境资源，资源利用率很低，造成严重的资源浪费和环境问题。如今，我国正处于工业化和新型城镇化的关键阶段，能否实现从大消耗、大浪费的发展模式向集约化发展方式转变，寻求经济发展的拐点？是继续利用自身资源和人口红利，选择粗放式发展经济？还是正视经济减速和保护环境带来的阵痛，追求环境与自然和谐统一？这些问题都要求人们给予积极地回答。

（3）调整能源利用新格局，探索减排新途径

经济发展之"拐点"也就是能源利用格局转型升级之时。我国城镇化进程和工业化建设消耗大量能源，使得二氧化碳排放量居高不下，二氧化碳年均排放量基本以 5.89% 的速度持续增长。在哥本哈根全球气候会议上，我国承诺 2020 年单位 GDP 的二氧化碳排放量减低 40%～45%。面对减排大趋势，只有优化能源结构，从节能减排、低碳发展的内在规律出发，综合考虑诸如建筑节能、煤炭高效利用等能源使用问题。[4]

---

[4] 李旸. 我国低碳经济发展路径选择和政策建议 [J]. 城市发展研究，2010，02：56-67＋72.

虽然能源结构调整可以控制二氧化碳排放量，但受资源禀赋和技术条件的限制，短期内却很难实现。因此，处理好常规能源与新能源开发的矛盾关系尤为重要。抓紧研究并推广煤变油等煤炭深度利用技术、高效清洁煤利用技术和降低单位煤耗碳排放量非常迫切。同时，充分利用太阳能、风能、水能等资源优势，把扶持新能源和可再生能源的开发利用提升到战略高度。促进减排的根本途径是调整能源结构，但因受限于调整速度，在研发低碳新能源时，还应该将煤炭的高效、清洁技术作为最直接可行的碳减排途径。

1.2　产业部门低碳发展之势

1. 碳问题追踪

从 18 世纪 50 年代开始，人类的一系列发明开启了工业革命的大门，形成大规模的生产组织形式——工厂制度。相对于原有的家庭手工业来说，工厂制最鲜明的特点是使用机器代替手工劳动。

第一次工业革命实现生产力大解放和财富大增加，但遗留的问题也很多。煤炭是第一次工业革命依赖最多的能源，其广泛使用造成英国历史上最为严重的大气污染。煤炭燃烧释放出二氧化硫等有害物质，已成为人们对工业革命最深的记忆。从农业文明向工业文明过渡中，人类社会逐渐意识到碳问题的严重性和严肃性，只是对该问题的重视不够而已。

在第二次工业革命中，电和内燃机的使用使动力工业发生彻底的变革。石油工业迅速发展，人们从原油中提炼出石油、汽油、煤油和轻、重润滑油等产品。人类开发利用自然资源的能力不断提高，地下矿藏被迅速开采和冶炼。但对自然资源不加节制地开采，导致大量生产废弃物（废水、废气、废渣）及生活废弃物，严重污染大气、水、土壤等自然环境，生态环境屡遭破坏。

罗马俱乐部 1972 年发表的《增长的极限》在全球引起轰动，引发人们对高能耗、高污染的传统工业文明和高碳经济发展方式的深刻反思。世界气象组织和联合国环境规划署联合成立的政府间气候变化专门委员会，直截了当地指出：人类活动以化石燃料为主要能源动力，向大气排放大量二氧化碳、甲烷等温室气体，导致极端气候（比如，强台风、强降雨、长期干旱、阴霾、暴雪）频繁出现。

我国目前的碳问题主要表现在：（1）大力推进工业化、城市化、现代化，能源需求快速增长；（2）"富煤、少气、缺油"的资源条件决定我国能源结构以煤为主，面临着非常有限的低碳能源资源空间选择；（3）工业作为主要的能源消费部门，生产技术水平落后，加重经济高碳特征；（4）整体科技水平落后、技术研发能力有限，制约着经济从"高碳"向"低碳"转变。总之，我国社会经济发展过程中出现的"高碳"现象和"碳问题"亟待解决。我国面临着发展经济改善民生和减少碳排保护环境的矛盾，迫切需要通过改革创新，寻找有效的解决办法。

2. 国民经济各部门碳排放总量

工业对我国GDP的贡献大，却产生了84%以上的碳排放。国际能源署的统计结果显示，电力与热力工业的碳排放值约占中国碳排放的二分之一，是排放量最高的部门；其次是制造业和建筑业，碳排放约占总量的三分之一。

同一行业不同企业间的排放量也存在着差异。有实力的企业拥有先进的生产技术，其单位产值能耗较低。反之，大量中小型企业使用落后的高污染、高耗能技术和设备，其单位产值能耗高。

近年来，我国在节能和减缓二氧化碳排放方面付出了巨大的努力，成效显著。2005~2013年，全国关闭能耗高、效率低的9400万kW的小火电机组、1.5亿t炼铁产能、1.2亿t炼钢产能、8.7亿t水泥产能。全国能源利用效率大幅提高，同期单位GDP能源强度下降26%，二氧化碳强度下降28%，下降幅度远高于发达国家水平。[5]

假如将行业碳强度（单位GDP二氧化碳排放量）作为一个单独的因素，可构建碳强度与碳排放的两因素分解模型，分析不同行业碳强度和全国碳强度与碳排放的关系，如表1.5所示。

1996~2010年我国碳排放增长的行业贡献（%） 表1.5

碳强度两因素分解	1996~2010年			
	碳强度实际变化率	两因素综合	碳强度变化	增加值占比变化
合计	156.1	156.04	−150.08	306.12
电力、热力的生产和供应业	184.37	75.72	−58.79	134.5
黑色金属冶炼及压延加工业	248.14	28.79	−21.81	50.59

5 何建坤，中国能源革命与低碳发展的战略选择 [J]．武汉大学学报，2015，68（01）：5-12.

碳强度两因素分解	1996～2010 年			
	碳强度实际变化率	两因素综合	碳强度变化	增加值占比变化
非金属矿物制品业	162.29	23.88	−23.26	47.14
交通运输、仓储及邮电通讯业	154.45	9.78	−3.36	13.14
石油加工及炼焦业	338.17	4.34	1.55	2.79
建筑业	224.43	2.13	−0.3	2.43
农、林、牧、渔、水利业	75.59	1.2	0.11	1.09

资料来源：蒋晶晶，叶斌，计军平，马晓明. 中国碳强度下降和碳排放增长的行业贡献分解研究
[J]. 环境科学，2014，35（11）：4378-4386.

表 1.5 说明：这些年行业碳强度变化的贡献值为−150.08%，行业增加值变化的贡献值为 306.12%，综合影响为 156.04%。尽管行业碳强度变化抑制全国碳排放增加，但行业增加值变化更大，导致我国最终的碳排放总量仍在不断增长。

总体来说，在我国产能规模扩张过程中，单位 GDP 碳排放强度的下降驱动碳排放有所减缓。在 2015 年政策影响下，电力行业、交通运输业、通信业对全国碳强度下降和碳排放增长的贡献最大；石油加工等重工业和建筑业对全国碳强度下降贡献较小，对碳排放增长贡献较大；它们是我国碳强度约束和总量控制应当重点关注的领域。

1.3　我国建筑业碳排放问题

自 2008 年起，我国建筑业碳排放量增长较快，到 2010 年已达到 6103.84 万t，占碳排放总量的 50%。工业碳排放量占总量的 47%，其中与建筑相关的钢铁、建材等产业占工业碳排放量的 80%。我国人均钢铁、建材量与美国相差不大，但钢产量、水泥产量达到峰值，蓄积量已达到发达国家水平。写字楼人均面积达到日本水平，但商用建筑严重过剩。另有 20%的空置商品房，造成建筑运行费用高。

1. 发展模式粗放

我国现阶段仍然依靠增加生产要素的投入来扩大生产规模。建筑业生产效率低，能耗高，过度依赖生产要素，大量使用非绿色环保建材。

（1）低效率能源消耗大

建筑业物质资源消耗占钢材的 55％、木材的 40％、水泥的 70％、玻璃的 76％、塑料的 25％、运输量的 28％。这些材料的生产需要冶炼、熔融、烧结大量的金属和非金属矿物原料、化工原料。

一方面，建筑业是国民经济的支柱产业。2013 年，建筑业从业人员达 4500 万人，建筑业企业 79000 余家，完成总产值 15.9 万亿元，占 GDP 比例约 7％，要实现全面这样规模的产业转型升级困难重重。另一方面，建筑业有 50 多个关联产业，牵一发而动全身，需要重塑产业生态。

（2）严重依赖人口红利

"二战"后的德国、日本曾有大量农民工在几十年后变成产业工人，进入主流社会。反观中国，30 多年过去了，我国建筑科技水平与日俱升，但建筑工地的一线工人仍然缺乏足够的科技知识和先进的技术、手段、方法。

（3）新材料、新能源市场不活跃

我国建筑业大量使用钢筋、水泥等传统的建材，资源利用率低，减排压力大。工地现场大多是湿作业，使用的能源多为电能。尤其是水泥、平板玻璃、建筑卫生陶瓷等企业都成为建材业节能减排的重点。可见，发展节能减排的新能源、新材料是解决建筑业碳问题的关键手段之一。

2. 城市化进程遗祸

2011 年 12 月，我国城镇人口占总人口的比重首次超过 50％，标志着城市化进程取得阶段性进展。事实上，快速城镇化牵出了"城市病"。交通拥挤、资源紧缺、空气污染、食品质量堪忧等问题，困扰着百姓生计。许多特大城市着手兴建"卫星城"，希望能解决大城市病的诸多问题，但发展"卫星城"很多时候却使城市更加"臃肿"，解决"城市病"并非一朝一夕能得以完成。

3. 技术与管理桎梏

（1）低碳技术落后

发达国家通过"技术推"和"市场拉"两条途径，加快能源技术进步和国际能源技术合作，对我国有借鉴意义。[6] 事实上，我国发展低碳建筑最大的障碍是节能技术比较落后，配套不足，缺乏相关自主知识产权以及高能效、低能耗的机

---

[6] 庄贵阳. 中国发展低碳经济的困难与障碍分析 [J]. 江西社会科学，2009，07：20-26.

械设备和新型节能材料。我国科技水平和技术研发能力有限、专业人才缺乏、技术转让费高昂、产业结构分散、相关技术转让政策和法律不完善，都阻碍了低碳技术在我国的应用与推广。

（2）低碳建材研发缓慢

在建筑材料中，围护结构保温隔热技术在使用的可靠性、维护的便利性及施工时的防火性等方面存在着或多或少的问题。随着我国高耗能大型公共建筑的低碳改造逐渐增多，对建筑围护结构（如遮阳系统、保温隔热）提出了更高、更新的要求。然而，我国建筑材料发展速度比较缓慢，低碳建材市场不规范，低碳标准识别体系不完善，不利于推出更多的低碳建筑。此外，可再生能源的利用成本较高，尚未形成规模，无法适应现阶段低碳建筑对新型低碳建筑材料和能源的需求。

（3）碳排放监测系统尚未建立

研究表明，大型公共建筑和公共场所使用中央空调的能耗为普通建筑能耗的2～3倍。我国目前未建立使用能耗监测系统，缺乏对大型公共建筑碳产生及碳排放量的监测数据，不能动态观察和控制其能耗及碳排放，无法及时有效地解决建筑能耗大户的碳排放问题。[7]

（4）政策体系未完善

我国低碳建造的政策体系尚不成型，行业标准不多，不利于低碳建筑的长远发展。现行的节能标准只涉及设计阶段，内容包括降低供暖、通风、空调的能耗，使用可再生能源及可循环利用材料。尚未制定检验建筑是否达到低碳要求的具体标准，跟发达国家的建筑节能标准形成鲜明对比。[8]

（5）市场引导机制不畅

由于技术和项目管理水平差异，不同开发商的节能增量成本参差不齐。节能建筑的销量比普通建筑好，但并未体现出压倒性优势，市场动力不足。我国也尚未建立有效的低碳建筑宣传机制和公众参与机制，社会公众对低碳建筑重要性认识不足[9]。

---

[7]清华大学建筑节能研究中心. 中国建筑节能年度发展报告 2008 [M]，北京：中国工业建筑出版社，2008.

[8]郭峰，张仕廉. 价值工程在 EPS 外保温技术选择中的应用. 价值工程，2005，3：52～55.

[9]王珏. 我国低碳建筑市场体系构建及对策研究 [D]. 重庆：重庆大学. 2011.

（6）经济激励政策不足

由于低碳建筑应用的外部性，相关主体很难将发展低碳建筑的意愿转化为实际行动。国家及地方缺乏对低碳建筑的实质性经济激励政策，低碳建筑的推广动力不足。

4. 建筑拆除隐患

按照《民用建筑设计通则》的规定，重要建筑和高层建筑主体结构的耐久年限应为 100 年，一般性建筑为 50～100 年。而在现实生活中，许多建筑的实际寿命与设计通则的要求相差大。我国是世界上每年新建建筑量最大的国家，每年 20 亿平方米新建面积，但建筑平均寿命只有 25～30 年。

按照"十一五"期间我国建筑的拆建比折算，"十二五"期间我国每年拆除建筑面积约 4.6 亿 m^2，若这些被拆除房屋使用寿命由设计的 50 年降低为实际使用的 25 年，按平均每平方米 1000 元计算，"十二五"期间我国每年因过早拆除房屋浪费 4600 亿元。

过早拆除大量本不该拆除的建筑会导致建筑垃圾的总量不断攀升。中国建筑科学研究院预测，我国每年由于建筑过早拆除带来的建筑垃圾增量约 4 亿吨，占全国垃圾总量的 40% 左右，建筑垃圾运输、处理和存放对环境造成巨大的影响。研究发现，过早拆除的建筑碳排放量约为中国碳排放总量的 5%，如果考虑建筑再建过程中所需建筑材料的碳排放量，建筑过早拆除将致我国每年新增碳排放量 10%。

著名的城市规划和建筑专家伊利尔说："让我看看你的城市，我就能说出这个城市的人追求"。城市建筑可反映城市的追求，而每一个城市的追求汇合成一个民族的追求。我国建筑"短命"、大拆大建现象的后果是巨额的资源浪费和严重的环境污染。建筑垃圾问题，从源头做减量是非常重要的。

1.4　建筑业低碳化的原动力

推行建筑低碳化并非易事，事实上推行低碳建筑的过程会遇到很多阻力。

1. 政府—低碳推动者

发展低碳经济可以推进资源节约、环境友好、经济优化、自主创新、社会和谐。政府是经济活动的参与者和监管者，是低碳经济的倡导者和引导者，是制度创新的执行者，也是低碳建造的推动者。

为减少碳排放，国家在使用新能源方面付出了很多努力。2014 年，国家有关部委先后发布《关于节约能源使用新能源车船税政策的通知》和《关于完善城市公交车成品油价格补助政策的通知》。国家连续发布多项关于新能源的政策，体现中央政府对新能源推广的信心和决心。例如，光伏发电已成为国家新能源政策重点扶持对象。国家出台一系列扶持政策，在增值税方面对光伏电站销售利用太阳能自产的电力产品，实行即征即退 50％ 的优惠政策。在企业所得税方面，对光伏电站实行"三免三减半"优惠政策。

2. 房地产企业—低碳急先锋

在当前已有的低碳建筑中，民用住宅所占的份额最大。开发商在住宅开发中处于核心地位，其低碳理念对人们有着巨大的引导作用。近年来，万科、远大等房产公司开始住宅产业化的探索与实践，用工业化生产方式建造住宅。万科住宅产业化体系包括预制部品、装配式内墙和内外墙免抹灰。按照 2014 年工业化开工面积 1513 万 m^2 计算，工业化帮助万科减少能耗 6.6 万 t 标准煤，实现全年减排二氧化碳 16.6 万 t；节水 1362 万 m^3；节约木材 19.7 万 m^3；减排垃圾 30.5 万 m^3，约 60.1 万 t。[10]

工业化建造方式能全面改善住宅使用功能和居住质量，降低建造过程的能耗、水耗和材料消耗，仅能耗就比传统施工方式降低 20％～30％。此外，还可以提高劳动生产率和住宅整体质量，降低住宅生产过程中的物料消耗、噪声污染、二次装修污染等。

3. 设计院—低碳智囊团

设计是实现建筑低碳最为重要的环节之一。低碳节能设计从选址到建筑布局，从建筑朝向到风向，从建筑平面到外立面，从建筑间距到整体界面，从单体到群体等等，都要系统规划、合理设计、降低能耗。

中南建筑设计院股份有限公司设计的长沙南站，美观的钢结构设计让工程比计划节省 15％ 的钢材。还有很多匠心独运的节电、节能设计。长沙南站 5000m^2 的透光顶采用新型材料，透光不透热，内部照度非常高。整个火车站晴天不需开灯照明，还设计全国最大规模的地下水地源热泵。

---

[10] http://www.vanke.com/upload/file/2015-04-30/4fb7db13-538a-46ae-b407-15b87c7c238b.pdf.

事实上，设计院在建造低碳建筑时起到一种智囊和顾问的角色。国内许多绿色低碳建造方案，不乏国外顶尖设计院参与设计。

4. 施工企业——低碳造就者

施工阶段是低碳建筑设计方案的物化过程，也是降低施工能耗的关键阶段。在保证建筑质量的同时，施工单位要减少建筑垃圾、材料等资源浪费，材料与设备选型和质量是保证低碳建筑达到设计规定效果的基本前提。

施工企业完成投标签约和施工组织设计后开展施工。如图1.4所示，在投标签约阶段，业主通过合同约定施工方的低碳责任。在施工组织设计阶段，施工方通过合理选用机械设备、合理组织资源来规划低碳活动。

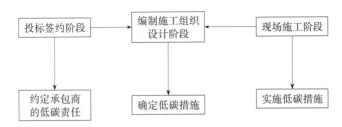

图1.4 施工企业低碳的实现路径

5. 监理单位——低碳监护方

监理单位受业主委托对建筑物施工过程实施监理。在低碳经济形势下，监理单位逐渐将低碳管理纳入自己的工作范围。所谓的"低碳管理"是指，除正常施工管理外，还要从碳排放角度审视施工管理各项工作，优化组织以减少碳排放。因此，"低碳监理"就是在"三控、两管、一协调"基础上增加低碳管理内容。比如，常州市武进区武进大道西延及环湖东路建设工程项目就采取了低碳环保的监理方案。该项目立足"低碳"，利用市政道路绿色低碳景观营造技术，采用节能减排措施，构建低碳、高效、节能的交通绿化景观。

6. 用户——低碳践行者

建筑物要经历设计、建造、使用、修缮及拆除几个阶段，其中使用阶段持续时间最长，使用过程中碳排放对建筑全寿命周期碳排放影响最大。

随着低碳理念的传播和推广，低碳行为逐渐深入人们的日常生活中。在购房阶段，住户通过查看房子的设计资料或咨询专业人士，来判断低碳建筑是否为自己带来切实益处，进而转变思路和行为习惯，就建筑的节能、外墙的保温性能等问题做出判断。在使用阶段，用户尽量选用节能且环保的材料装修房子。比如，根据家庭的实际情况合理选用空调、洗衣机、供暖设备等。用户的体验是对建筑物低碳性能最直接的检验,用户对低碳建筑的推广至关重要。

1.5 建筑业低碳化的动力机制

1. 不同层面的低碳需求—驱动力

低碳是当今社会的主流趋势,在国家、行业等宏观层面和企业等微观层面都存在一些驱动力因素(图1.5)。近年来,我国各级政府积极探索低碳建造激励政策,许多学者也对低碳技术、管理方案、企业社会责任等方面展开研究。研究建筑业低碳化动力因素,可从宏观到微观跟踪低碳施工未来的发展态势,也可通过今昔对比剖析政策和技术改良等因素的有效程度。

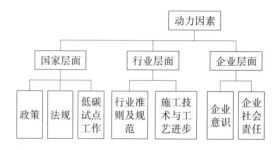

图1.5 建筑业低碳化的驱动力因素

(1)国家持续推进

在政策、法规及鼓励措施等方面,国家对发展低碳经济和实施低碳施工起到实质的推动作用。从表1.6罗列的近年来我国出台的关于发展绿色低碳产业措施可见一斑。

国家出台的关于发展绿色低碳产业的措施　　　　表1.6

年份	政策、法规、条例
2005	成立国家能源领导小组,《开始实施 GDP 能源指标公报制度》
2006	《可再生能源法》、《可再生能源发电有关管理规定》、《气候变化国家评估报告》、《企业能源审计报告审核指南》、《企业节能规划审核指南》
2007	成立国家应对气候变化领导小组办公室,《能源发展"十一五"规划》、《中国应对气候变化国家方案》、《关于落实环保政策法规防范信贷风险的意见》、《可再生能源中长期发展规划》、《核电中长期发展规划(2005—2020 年)》、《单位 GDP 能耗统计指标体系实施方案》、《单位 GDP 能耗监测体系实施方案》、《单位 GDP 能耗考核体系实施方案》《节能减排授信工作指导意见》

年份	政策、法规、条例
2008	《可再生能源发展"十一五"规划》、《节约能源法》、《关于调整大功率风电发电机组及其关键零部件、原材料进口税收政策的通知》、《中国应对气候变化的政策与行动》
2009	《资源综合利用企业所得税优惠目录》、《循环经济促进法》、《太阳能光电建筑应用财政补助资金管理暂行办法》、《中国至2050年能源科技发展路线图》、《规划环境影响评价条例》

另一方面，我国积极试点低碳工作。国家发改委于2010年在广东、湖北等5省以及天津、重庆等8市进行低碳发展试点。试点工作归纳起来主要有两大指向：一是发挥行政体制优势、优化政府管理，促进地方低碳发展；二是通过创设市场、利用市场机制实现低碳发展目标。

（2）行业技术引导

行业准则与规范在很大程度上引导各企业采取低碳施工措施，施工技术与工艺进步将会更大程度上促进低碳活动的开展。在全球范围内，出现了一些国际性、国家性、地方性和行业性的建筑系统评估框架模型。比如，美国绿色建筑评价体系 LEED、英国 BREEAM、加拿大 BEPAC、日本 CASBEE和我国《绿色建筑评价标准》GB/T 50378 以及《绿色奥运建筑评估体系》等。

针对施工阶段，我国颁布了《绿色施工导则》，用于指导建筑工程实践，推动低碳施工发展。比如，在施工运输推广使用柴油车辆、混合动力汽车等节能车型、自重轻且载重量大的运输设备等。在现场施工的不同阶段采用很多新技术。如在地基基础方面采用灌注桩后注浆技术、长螺旋钻孔压灌桩技术、水泥粉煤灰碎石桩复合地基技术。在混凝土技术方面应采用高耐久性混凝土技术、高强高性能混凝土技术、自密实混凝土技术等。同时，加强新型材料及设备的研发。材料方面采用低碳建筑材料，如生态水泥、天然有机隔热材料等。设备方面，采用改进型全液压履带式强夯机、履带主动式铲运机、数控钢筋弯曲机、钢筋焊接网成型机、智能墙体抹灰机等。

（3）企业低碳示范

从长远来看，低碳经济助推施工企业提升技术，开拓新兴市场，实现业务结构调整与新领域拓展。低碳为企业带来的经济利益主要表现在成本节约和新兴市场开拓。比如，中铁建工集团将低碳概念引入到施工中，在太原南站建设中，仅一项低碳焊接工艺的使用，就节约钢材 337t，节省成本近 200 万元，同时还减少607t 二氧化碳排放。

施工企业利用低碳进行内部挖掘潜力的同时，更应注重对新兴低碳领域的开拓。一是提高新能源领域工程建设能力，占领低碳建筑市场。二是通过科技合作，将碳捕捉和碳封存技术引入到建筑材料中，研发利用建筑材料吸收温室气体的绿色智能建筑。

中交广州航道局有限公司认为：低碳施工需要在实现模式上下功夫。创新经营模式，谋求社会资源与企业发展效益的双赢。通过寻找实施施工设计总承包、BOT 等项目，实现发展模式、竞争方式的提升。创新施工工艺技术，实现施工与环境保护和谐统一。为提高施工效率效益、降低能耗，适应高标准的国际环保疏浚要求，广航局加紧淘汰、改造低效率高能耗的挖泥船，打造高效低耗、节能环保型挖泥船队。

中铁工程有限公司近年来推行城市地铁低碳环卫施工，提出"把内燃机械堵在洞外，实现洞内有害气体零排放"的口号，加大科研经费的投入，与两家科研单位和三家机械厂合作，共同研发适用于城市地铁区间隧道和车站等长距离运输的轮式电瓶运输车，满足在较窄巷道内装、运、卸土，小巧灵活以电瓶为动力。该运输车的研发按使用普通铅酸电瓶和高能电瓶两个阶段进行，以实现高能、高效、安全和无污染目标。

总之，建筑业与碳排放相关性高，企业在赚取利润时，应主动承担对环境、社会和利益相关者的责任。建筑企业将绿色、低碳概念引入到建设和管理过程中来，有利于建筑企业履行自身的社会责任。

2. 传统模式与低碳理念的碰撞—阻力

由于激励力度不足、技术落后、实施难度大等原因，我国虽出台了相应的政策，采取技术改良和管理模式改善等措施，但低碳施工并未得到大范围推广。可见，要在传统建设模式里注入低碳新理念，将会面临重重阻力。研究阻碍因素可以更好地反映出建筑业低碳化发展需要，为国家和社会推出更好的改良措施提供理论依据。

阻力因素从施工所涉及的各主体直接反映，具体包括施工单位、建设单位、监理单位、材料供应、咨询机构等；间接主体则包括社会公众、政府、融资机构、运营单位及用户等各主体，如图 1.6 所示。

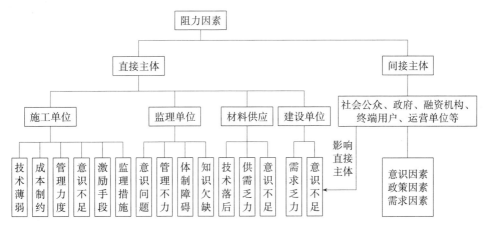

图1.6   建筑业低碳化的阻力因素

（1）低碳技术不发达

我国发展低碳施工最大的制约因素是国家整体科技水平比较落后。尽管在低碳技术研发及应用方面有一定成效，但在核心技术开发、引进和转让等方面还有很多问题。联合国开发计划署在《迈向低碳经济和社会的可持续未来》的发展报告中指出，"中国实现未来低碳经济的目标，至少需要六十多种骨干技术支持，其中有四十多种是中国目前未掌握的核心技术"。[11]也就是说，我国要实现低碳经济发展，大约有70％的核心技术需从国外引进。而低碳技术的引进和转让较为困难，发达国家往往会以知识产权问题作为拒绝向发展中国家转让核心低碳技术的借口，进而阻碍其低碳技术的发展。[12]

（2）政策、机制不健全

开展低碳施工的有效手段是建立健全运行有效的政策工作机制。我国已认识到发展低碳经济的必要性，出台了一些政策，还在一些城市推行试点工作。然而，推行低碳经济的政策和机制并未完全建立，在低碳建造方面的政策收效甚微。尽管低碳建造本质上也属于绿色施工范畴，但没有具体实施方案，使高能耗建筑企业缺乏采取减碳措施的动力。

低碳市场机制是解决环境管理问题的有效手段，规范市场机制能使低碳资源实现合理配置，然而目前关于低碳施工市场机制并没有完全形成。

[11]黄应来.中国70％低碳核心技术需进口［N］.南方日报，2010-06-09.
[12]董占宝.低碳经济下的建筑施工［J］.现代经济信息，2010，（21）：149.

（3）低碳资金不充裕

无论是由我国政府、企业、研究机构自主研发低碳技术，还是从国外引进低碳技术，都要大量的资金支持。当前，参与低碳建筑技术开发的投资主体比较广泛，但大部分主体投资额不大，所占比重较小。对外来资本引进力度不够，引资方式单一，且在争取国际金融组织支持方面，资金规模相对较小。

低碳技术市场风险较大，银行不愿贷款，更不愿提供超过 15 年的长期贷款。国际资本市场的国际贷款期限虽然较长，但谈判历时较长，管理程序繁琐，导致贷款隐形成本很高。低碳技术研发单位作为高科技企业，自身信息披露机制不健全，严重影响企业融资能力，使其难以获得相应的资金支持。[13]资金匮乏、资金链断裂、不能有效利用外来资金、企业或民间资金不愿投入低碳建筑领域，都将严重制约低碳技术在我国的推行，阻碍低碳建筑的发展。

（4）理念渗透不彻底

低碳理念决定低碳行动。发展低碳技术是涉及生产模式、生活方式和价值观念等方面，需要调动社会各方的积极性。对于实施低碳施工的直接主体及社会公众、政府、融资机构等间接主体，都需要理解低碳施工的必要性，通过意识培养形成良好的低碳社会氛围。但目前所有主体对低碳施工的概念还很模糊，没有深刻、全面的认识和理解。作为直接主体的施工单位对低碳施工的理解还停留在增加新型材料、新型设备的层面上，这意味着实行低碳施工将直接增加施工成本。在大多数施工现场，低碳施工只是一个口号。低碳施工意识淡薄的生产模式和价值观念严重阻碍了我国推行低碳施工。

（5）信息渠道不畅通

政府制定相关的节能监管政策需要收集相应的信息，建立信息收集反馈机制是开展建筑业低碳化工作的基础。目前，我国已建立建筑能耗统计制度，大部分省市的住房和城乡建设行政主管部门都有相应的政策文件，明确不同部门的职责分工，形成比较完整的建筑能耗统计工作体系，为建筑能耗统计工作顺利开展提供有效保障。比如，截至 2012 年底，我国累计完成公共建筑能耗统计 40000 余栋，能源审计 9675 栋。

我国建筑能耗统计工作取得一定成效，但也暴露出不少问题。比如，对建筑

---

[13]柳云状．中国发展低碳建筑的障碍因素及对策研究［D］．重庆大学．2010.12.

能耗统计工作重要性的认识程度不同、统计工作基础等不同，致使全国建筑能耗统计工作未能全面完成。建筑能耗数据信息是政府制定建筑节能监管措施和经济激励政策的依据，如果建筑终端能耗和建筑节能数据不能得到有效整合，将严重影响有关政策制定和相关激励措施实施，进而影响我国低碳建造工作的开展。

（6）低碳市场有价无市

低碳建筑从土地与空间利用开始就对建筑提出更高的低能耗与低碳排要求。在建筑全寿命周期中，从新理念、新设计到新材料、新结构、新工艺，从建筑设计到运营再到拆除，低碳建筑的各个环节较普通建筑都需要投入更多资金，可能会抬高建筑的建设成本和运营成本。

对于开发商而言，低碳建筑成本造价比普通建筑高，利润空间有限，加之房价原本就处于高位，因此低碳建筑市场认知度低，尤其在当前供需矛盾突出情况下，买方市场导致开发商更多地关注短期利益，将低碳建筑的增加成本转嫁到消费者身上。对于消费者而言，低碳建筑的附加成本就转化为用户的负担。尽管购买低碳建筑可以得到税收优惠，然而当相关税收优惠不足以抵消购房成本的增加额时，低碳建筑产品就难以获得消费者青睐，无法敲开市场大门，低碳建筑就只能成为高档住宅的尝试，难以赢得广泛的市场，最终沦为有价无市的示范商品。

2 低碳建造论

2.1 何为低碳

1. 碳的生成、滞留与消失

大气中的温室气体主要包括二氧化碳、氧化亚氮、甲烷、氢氟氯碳化物类、全氟碳化物、六氟化硫、水蒸气等 30 多种。其中，二氧化碳约占大气总体积的 75%，所占比例最多。因此，一般所说的碳多指二氧化碳。大气中的二氧化碳有 80% 来自于人和动植物的呼吸，20% 来自于燃料燃烧。散布在大气中的二氧化碳有 75% 被海洋、湖泊、河流等地面水及空中降水吸收溶解，还有 5% 通过植物光合作用转化为有机物质储藏起来。

简单来说，自然界碳循环的基本过程是：大气中的二氧化碳被陆地和海洋中的植物转化为有机物，通过地质过程、生物及人类活动又以二氧化碳的形式返回大气中（见图 2.1）。以大气为中心，某个生态系统向大气排放二氧化碳就是碳源，反之从大气吸收二氧化碳就是碳汇。按照物质守恒定律，在碳循环过程中，碳源与碳汇应满足相对的等量关系。

目前，全世界每年向大气排放二氧化碳高达 50 亿 t，加重全球碳循环负担。造成这种负担主要有两方面的原因：一是大量使用煤、石油、天然气等矿物燃料；二是砍伐森林和开垦草原使能进行光合作用的植物量减少。

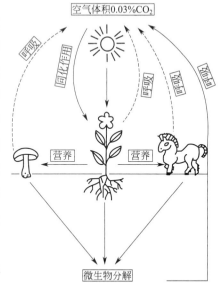

图 2.1 自然界的碳循环

针对二氧化碳排放源问题，有不少学者展开了研究。C. Hendriks 等人[14]收集世界各国的数据，构建来自火电、炼油、气体处理、合成氨、钢铁厂、乙烯、环氧乙烷、制氢、水泥等 9 个行业，共有 14641 家企业的二氧化碳排放源数据库，为预测全球二氧化碳排放趋势提供了可能。白冰、李小春等[15]以二氧化碳地下储存为背景，以我国二氧化碳工业源为对象，收集了火电、钢铁、水泥、石油、乙烯、合成氨、环氧乙烷、制氢等 8 类企业的生产数据，从而计算企业二氧化碳排放量。作为对比和参照，也可以采用同样的方法计算全国主要行业二氧化碳排放量，如表 2.1 所示。

大规模二氧化碳排放源数目和浓度 表 2.1

排放源	数　目	浓度/%
火电	622	15
水泥	584	20
氢	109	50
乙烯	46	12
钢铁	146	15
炼油	92	8
环氧乙烷	49	100
合成氨	162	100

应从碳循环的角度去思考和寻找建筑业碳排放问题的解决办法，控制建筑业相关产业链的碳排放，是降低建筑业碳排放的关键环节之一。早在 2004 年，我国火电、水泥、钢铁、炼油、乙烯、合成氨、环氧乙烷和制氢等 8 类企业的二氧化碳排放量约为 29.6 亿 t。其中，火电、水泥、钢铁与建筑业有着密切关联，这 3 类企业是主要的碳源，排放量约占总量的 91.7%。

2. 与低碳有关的概念

通常认为，低碳概念源于《联合国气候变化框架公约》（1992 年，里约热内卢）。该公约是在应对全球气候变化、提倡减少温室气体排放的背景下形成的，要求实现投入产出过程的低能耗、低污染与低排放。事实上，与低碳相关的概念

[14] Hendriks C, Sophie A, Der Waart V, et al. Building the cost curves for CO_2 storage, part 1: sources of CO_2 (pH4/9) [R]. [s. l.]: [s. n.], 2002.

[15] 白冰，李小春，刘延锋，张勇. 中国 CO_2 集中排放源调查及其分布特征 [J]. 岩石力学与工程学报，2006，(S1).

层出不穷。低碳发展是降低碳排放，追求环境、经济和社会可持续发展的一种新型社会经济发展模式。低碳经济要求在推进经济建设的同时，实现清洁生产，减少碳排放，维持生态平衡。低碳社会指与人类社会存续相关的各个方面都做到低碳化。低碳城市是低碳社会的一个缩影，反映城市建设与运营各领域的低碳化。低碳社区作为低碳城市的"细胞单元"，是低碳城市重要的组成部分。鉴于本论题范围，后续将着重阐释"低碳经济"和"低碳建筑"两个概念。

（1）低碳经济

2003 年，英国发布了《我们未来的能源，创建低碳经济》白皮书，完整地阐述"低碳经济"的概念。2007 年 7 月，美国提出《低碳经济法案》以及 2009 年 6 月《清洁能源与安全法案》，给出美国低碳经济的发展途径和具体措施。我国"十三五"发展规划强调：提高生产方式和生活方式的绿色、低碳水平和能源资源开发利用效率，有效控制能源和水资源消耗、建设用地、碳排放总量，大幅度降低主要污染物总排放量，改善生态环境质量，基本形成主体功能区布局和生态安全屏障。

按照英国环境专家鲁宾斯德的观点：低碳经济是一种兴起的经济模式，其核心是在市场机制下，创新制度环境，开发和应用高能效技术、节约能源技术、可再生能源技术和温室气体减排等技术，推动社会经济向高能效、低能耗和低碳排放的模式转型。[16]国外有学者认为，低碳经济是出现在后工业化社会的经济形态，其核心是降低化石能源消耗。他们认为，低碳经济是在应对能源、环境和气候变化挑战的前提下，实现人类社会可持续发展的唯一途径。

低碳经济的内容多，包括碳锁定、碳足迹、碳中和、碳源、碳汇、碳交易、碳税等。这些概念与术语从不同层面揭示了低碳经济丰富的内涵与外延。

"碳锁定"[17]（carbon lock-in）是指工业革命以来，高度依赖化石能源系统的技术和制度共同演进，最终技术、政治、经济与社会在一定系统中形成"技术—制度综合体"（techno-institutional complex）。技术制度系统为保持稳定，抵制变化和创新，不断为技术寻找正当性，为其商业化应用铺设道路，结果形成一种共生的系统惯性，导致技术锁定和路径依赖，阻碍替代技术（零碳或低碳）的

---

[16]张坤民. 中国发展低碳经济途径研究［M］// CCICED. 低碳发展论. 北京：中国环境科学出版社，2009：1041-1067.

[17]Unruh，G. C. Understanding Carbon Lock- in［J］. Energy Policy，2000，28（12）：817- 830.

发展。发展低碳经济的核心在于解除"碳锁定"。

碳足迹（carbon footprint）反映一个人或者团体的"碳耗用量"。"碳"就是石油、煤炭、木材等由碳元素构成的自然资源。2007 年 12 月，联合国开发署（UNDP）在《应对气候变化：分化世界中的人类团结》指出：一个国家的碳足迹可以通过存量和流量进行衡量。

碳中和（carbon neutral）是指通过植树造林，研发可再生能源，投资建设节能环保新设施等方式，抵消个人或者团体的二氧化碳总排放，以达到环保的目的。

碳税（carbon tax）是根据化石燃料的碳含量征收的国内货物税。[18] 长期以来，经济学家和国际组织一直主张征收碳税，用较低成本实现同样的减排目标，还可为探索清洁技术提供源源不断的动力。

碳交易（carbon trading）是《京都议定书》为促进全球温室气体减排，把市场机制作为缓解温室气体减排的新路径，即以每吨二氧化碳当量为计算单位，形成二氧化碳排放权的交易，简称碳交易。其交易市场称为碳市（carbon market）。

碳汇（carbon sink）与碳源（carbon source）是两个相对概念，《联合国气候变化框架公约》（UNFCCC）将碳源、碳汇分别定义为从大气中释放和清除二氧化碳的过程、活动或机制。低碳经济也被称为碳汇经济，反映碳源与碳汇间相互关系及其变化对社会经济产生的影响。

（2）低碳建筑业

根据欧洲建筑师协会的统计，全球建筑及相关产业消耗地球能源的 50%，产生全球 42% 的温室气体。[19] 在欧盟和美国，建筑能耗甚至超过工业制造和运输业能耗。[20] 建筑全寿命周期与燃料燃烧密切相关。建造过程中使用的钢铁、钛合金、铝、水泥、石灰、玻璃等材料产品都来自高耗能行业，建造过程中还会产生大量工业建筑渣、工业废水。使用过程中，大量生活垃圾和生活废水排放到环境中，造成环境污染。

---

[18] 张中祥，安德列亚·巴兰兹尼. 何谓碳税？探究碳税对于竞争力与收入分配的影响［J］. 能源政策，2004，（32）：507-518.

[19] G. Q. Chen, etc. Low -carbon building assessment and multi-scale input-output analysis［J］. Commun Nonlinear Sci Numer Simulat，2011（16）.

[20] Guggemos A，Arpad H. Comparison of environmental effects of steel and concrete-framed buildings ［J］. Journal of Infrastructure Systems，2005（6）：93-101.

《中国产业地图》（2007 版，全球并购研究中心）将建筑生产过程主要分为施工以前、施工过程及施工之后三个阶段，见图 2.2。在建筑产品纵向关系链上，前期工作关系到中后期质量，进而又影响着施工和后期的运营与维护质量，如图 2.3 所示。

图 2.2   建筑产品纵向关系链

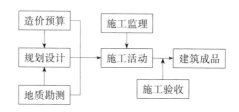

图 2.3   建筑产业链结构图

由此可见，不论是从建筑业产业链还是从建筑产品纵向关系链来看，决定建筑全寿命周期碳排放的关键有三个方面：设计规划与定位、施工过程及后期的运营、维护与物业管理。将建筑业产业链结构、建筑产品纵向关系链，以及碳排放阶段分析综合起来，就形成了建筑业碳排放分析图，如图 2.4 所示。

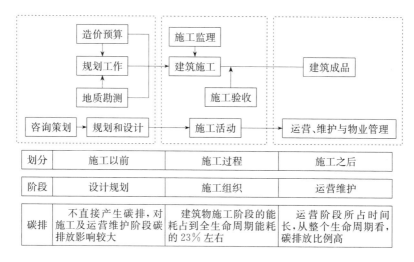

图 2.4   建筑业碳排放分析链条

建筑方案策划与形成阶段对后期碳排的处理影响深远，决定着建筑全寿命周期的碳排放程度。材料与设备选择很大程度上关系到后期运营过程的能源消耗。

建筑结构合理化设计可以实现建筑达到 50％～60％ 的节能效果。[21]将低碳理念贯穿于规划设计过程，借助自然采光、自然保暖、自然通风等被动式手段，达到节能减排的目的。建筑施工阶段能耗占建筑全寿命周期能耗的 23％ 左右，在低能耗建筑中甚至高达 40％～60％。[22]材料选择与运输、施工现场机械设备、现场辅助工程及废弃物处理等方面都会产生大量碳排放。

从全寿命周期来看，建筑物使用与运营维护所占时间最长。低碳建筑或零碳建筑侧重在运营过程实现低碳或零碳，而高能耗建筑大量能耗产生于运行使用阶段，施工过程碳排放所占比例相对较小，运营和使用过程是建筑碳排放管理的重要。

（3）低碳建筑

低碳建筑是在建筑全寿命周期内，以低能耗、低污染、低排放为基础，最大限度地减少温室气体排放，为人们提供合理舒适的居住环境。可以从建造、使用和拆除三部分来论述低碳建筑的基本要义。一般认为，全球十大低碳建筑有中国上海世博轴工程、中国北京国家体育场、中国北京机场 3 号航站楼、美国加州科学馆、瑞士模糊大厦、阿联酋迪拜大楼、印度孟买印度塔、澳大利亚墨尔本CH2 办公楼、美国国际爱护动物基金会（IFAW）总部、美国明尼苏达州的大河能源总部。

【案例 1：世博轴工程[23]】

如图 2.5 所示，世博轴工程采用生态设计理念，使用超大规模"阳光谷"结构，自然光透过"阳光谷"玻璃倾泻入地，可满足部分地下空间的采光和自然通风需求，提升地下空间的舒适度，节约大量能源。

世博轴引入绿色生态的设计手法，以低建筑能耗为游客提供舒适宜人的空间环境：1）建筑自遮阳，采用形体自遮阳设计方法，各层空间采用逐层悬挑的建筑形式。针对夏季高角度太阳光，上层楼板可以有效为下层空间遮阳，阻挡太阳直射光引入室内。冬季低角度阳光又可以射入室内，增加室内温度并提供自然采光；2）自然采光，一是两侧斜向缓坡的设计，二是阳关谷；3）自然通风，阳光谷的设计和地下一层斜向缓坡的存在，对自然通风起到关键性作用；4）雨水收集，上膜结构和阳光谷均具有光滑的外表和流线型的体态，便于雨水汇集。5）

[21]叶少帅，建筑施工过程碳排计算模型研究［J］．建筑经济，2012，（4）．
[22]甄兰平，李成．建筑能耗、环境与寿命周期节能设计［J］．工业建筑，2003（2）：19-31.
[23]黄秋平，蔡滨．世博轴：科技创新与低碳策略［J］．建设科技，2010，10：29-33.

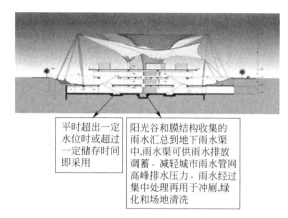

平时超出一定水位时或超过一定储存时间即采用

阳光谷和膜结构收集的雨水汇总到地下雨水渠中,雨水渠可供雨水排放调蓄、减轻城市雨水管网高峰排水压力。雨水经过集中处理再用于冲厕,绿化和场地清洗

图 2.5 世博轴工程

江水源与地源热泵,整个建筑以江水源热泵和地源热泵技术作为空调系统冷热源,夏天大量提高空调制冷效果,省去冷却塔补充水,冬天则以热泵采暖,提高采暖能源效率。

【案例 2:北京国家体育场工程[24]】

国家体育场外壳采用可作为填充物的气垫膜,使屋顶达到完全防水要求,阳光可以穿过透明屋顶满足室内草坪的生长需要,见图 2.6。国家体育场屋顶的通透设计,体现提高太阳能源使用效率理念。通过对其顶部镂空和留白的设计手法,使鸟巢在使用建筑材料上做到最节约,满足鸟巢内部白天辅助采光的需要。这样的设计,不但为鸟巢的结构设计提供条件,同时在经济和环保上也起到非常重要的作用。

【案例 3:北京首都机场工程[25]】

首都机场 3 号航站楼(图 2.7)楼外有"两湖一河",该景观湖系统以景观湖为核心,利用湖体作为积蓄利用的中心,整个系统主要由雨水收集、中水处理回用、湖水水质保障等子系统组成,是保障汛期机场机坪雨水顺利排出和周边管线雨水的管线畅通的重要调蓄工具。航站楼的楼体设计采用全玻璃墙、屋顶带天窗的设计,最大限度地节约能源。楼内安装先进智能照明系统,可通过设定时间

---

[24]王嘉逸,张志强.北京奥运会主体育场——鸟巢的建筑设计艺术探究 [J].作家,2013(18):193-194.

[25]张晓.北京首都国际机场 3 号航站楼与它的设计者,友谊奖获奖专家 诺曼·福斯特 [J].国际人才交流,2008,10:043.

图2.6　国家体育场

表、感应亮度、获取航班信息等模式来实现自动控制。新航站楼的很多空调机组都加装转轮式全热回收装置，夏季可以利用排风的冷量对新风做降温除湿预处理，冬天可以使新风被预热和加湿。

图2.7　首都机场工程

2.2　低碳建造的提出

1. 施工现场碳排放现象

广义的施工指从投标、签约、施工准备、施工、验收交工与结算直至交付使用全过程。狭义的施工仅包括施工准备到竣工验收阶段。一个施工现场通常由施工区、办公区和生活区组成，三个片区都会排放碳，只是强度有所不同。事实上，从材料制作到材料安装以及施工过程到废弃物处理，均会用到机械设备，都会涉及物资运输和碳排放。

如图 2.8 所示，施工机械以及周转材料直接进入建筑施工过程，而周转材料碳排放涵盖材料生产、运输、安装和拆除等环节。本节将周转材料运输、安装和拆除产生的碳排放归到施工现场碳排放，将材料生产本身产生的碳排放归结为建材生产碳排放。

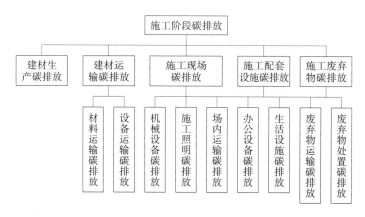

图 2.8 施工阶段碳排放边界

美国环境保护署（2008）指出，施工场地排放的二氧化碳有 76% 来自燃油消耗，24% 来自电力消耗。施工现场的机械设备种类齐全，数量繁多。施工阶段能耗主要是使用机具所耗的柴油、汽油和电能等，消耗这些能源从而排放大量的二氧化碳。

（1）机械设备碳排

现场施工能耗主要来自于施工机械设备，施工机械碳排放与施工机械的功率、单位时间或者单位产量耗油（柴油、汽油）耗电量、设备的动力源类型及机械的运行时间等有关。目前，我国建筑工程施工大部分采取招投标形式进行，总承包商再分包给多个小公司，技术人员并非全天候在现场跟踪监督。小公司技术单薄，人才缺乏，施工工艺差异大，经常造成施工过程质量参差不齐、浪费严重、施工过程能源消耗不同，由此导致碳排放差异化。

（2）场内运输碳排

场内运输主要由于现场材料制作和材料使用地不一致、挖土填土、废弃物处理等原因造成的。可采用合理的路线规划，减少运输距离来减轻场内运输负担。现场运输过程碳排主要由运输工具的能源消耗引起，涉及运输工具种类、运输距离、运输载重、燃料动力源及运输工具的能耗强度。场内运输工具的燃料一般为汽油、柴油等含碳燃料，完全燃烧会产生大量二氧化碳，不完全燃烧则会产生有毒气体。

（3）施工照明碳排

相对施工合同约定的目标而言，施工现场管理者对节能减排普遍重视不够，节电意识差。此外，工地照明具有临时性，供电线路迂回曲折，线径设计不合理，线路电压波动大，照明不稳定。灯具选择未经计算，通常使用大功率光源（灯具）照明，这些都会导致施工照明碳排放增多。

2. 我国低碳建造实践

我国至今尚未有类似《绿色施工导则》一样的低碳建造作业规范，但一些有行业领导地位的大型企业已开展低碳建造活动，主要集中在以下 7 个方面：

（1）就地取材

可以减少材料运输距离，减少过度依赖机械设备运输而产生碳排放。

（2）低碳材料选择与节约材料

选取生产碳排放量较少的建材，自然可以降低建筑全寿命周期碳排放。同时，材料多次循环使用，也可以起到类似的效果。

（3）节约用地，合理规划施工现场

在不影响施工的前提下布局更加紧凑，减少建筑材料及施工机具在现场的移动距离，达到减碳目的。

（4）节约用水与水资源循环利用

用水本身不会增加碳排放，但施工现场每一滴水的利用与能源有关，因而节约用水，也就可以减碳。

（5）节约能源

几乎所有的施工机具离开能源都无法运行，施工现场能源浪费的现象时有发生。节约能源是减少碳排放最直接的途径。

（6）建筑垃圾综合利用

通过一定的方式将建筑垃圾转化为建筑材料，充分挖掘建筑垃圾价值，不但可以减少建筑垃圾带来的污染问题，也能够减少碳排放量。

（7）增加施工碳汇

几乎所有的施工活动都会向大气排放二氧化碳，但除了绿化，还可以利用综合手段治理施工现场碳排放问题。比如，充分利用绿色植物的固碳能力减少施工现场的碳排放。

【案例1：济南恒隆广场】

由中建八局承建的山东济南恒隆广场是一大型综合商业设施，是当地的地标性建筑，其采取的低碳措施有：

（1）节约能源。施工现场办公和生活临时设施均采用夹心泡沫彩钢板，材料重量轻，保温隔热效果好，降低能耗，节约能源，施工方便，减少人力资源。现场管理人员办公及宿舍均配置空调，建立办公室、宿舍用电制度，按照温度要求调节采暖、降温设备，避免能源浪费。现场钢筋连接大量采用直螺纹套筒，提高工作效率，减少焊接用电量以及焊接对空气的污染。

（2）节约用地。施工现场平面布置合理、紧凑，在满足环境、职业健康与安全文明施工要求的前提下，最大限度地减少临时设施占地面积，减少材料二次搬运。

（3）节约用水。施工前对所有施工人员进行节能教育，树立节约能源的好习惯。供水管网根据用水量进行布置，管径合理、管路简捷。混凝土养护采用塑料薄膜覆盖或外包的方式养护，养护用水采用基坑降水，减少施工用水。

（4）节约材料。严格施工进度计划，合理安排材料采购、进场时间和批次，减少库存。施工前对施工人员进行技术交底，交代具体做法，避免施工错误而出现浪费现象。定期对工人进行岗位技术培训，提高工人技能，降低材料损耗率。选用耐用、维护与拆卸方便的周转材料。结合现场状况合理划分施工段，提高周转材料的周转。

【案例2：深圳万科中心】

广东深圳万科中心是一座集会议、展览、酒店、办公于一体的综合性大厦（见图2.9），总建筑面积80200m²，建筑高度35m，是一座水平向的超高层建筑，水平展开长度600多m。中建三局在承建时，采用的低碳措施主要有：

（1）使用本地材料，减少材料运送过程的能源消耗。

（2）使用回收修复或再利用的材料产品和装饰材料，如钢材、飞灰水泥、梁柱、地板、壁板、门和框架、壁柜。降低对新材料的需求，减少废弃物产生。

图 2.9　万科中心大厦

（3）采用可再生材料、快生木材。

（4）制定建筑施工废弃物管理计划，制定材料分离的量化目标；回收和利用建筑拆除和场地清理产生的废弃物。

（5）在施工中，充分利用中水处理、雨水收集应用、高性能洁具应用，节约50%自来水；新型地板送风系统确保50%用户舒适度可控；全自动遮阳体系和双层玻璃幕墙节能率达60%；新型冰蓄冷空调系统，削峰填谷，降低城市电容负荷；新颖的可调倾角设计的太阳能光伏发电系统降低12.5%的总体能耗。太阳能发电节约标准煤约100t，节约用水约1000t，减少约68t碳粉尘、250t二氧化碳、7.5t SO_2、3.75t氮氧化物的排放。

（6）绿化率超过100%。万科中心只有桥墩与地面直接接触，几乎不会破坏原有的植被。施工时在屋顶及太阳能电池板下种植绿色植物，增加不少碳汇。

要控制建设过程碳排放量，采取具体的措施减少资（能）源耗量是必要的，提升其利用率，也要有合理的现场组织管理方式。一方面，通过建材总量减化与类别选择，减少高碳材料的使用。比如，与钢材相比，木材生产产生的二氧化碳更少，使用竹子搭的脚手架比使用钢管脚手架排放的二氧化碳更少。另一方面，通过创新利用新型技术和工艺，提高资源与能源利用效率，降低施工过程能源消耗，注重资源回收再利用，以低消耗创造同等的效益。比如，自来水的供应、废水的处理都会增加二氧化碳排放，提倡节约和循环用水。

3."低碳建造"概念阐释

低碳建造是以低碳理念为准则的建设方式，严格遵循工程规划和设计要求，在保证工程质量和安全要求等前提下，采取科学有效的管理方法和技术手段，减少资源消耗，提高能源利用率，加强废弃物回收利用，实现建设过程降低碳排放的目标。低碳建造还包括在建设过程中使用清洁能源。例如，太阳能、风能发电可为施工过程提供能源。我国施工现场应用新能源降低碳排放的效果还不明显，但随着科技发展与技术进步，对新能源的利用程度会逐渐提升。

低碳建造与绿色施工都属于可持续建设范畴，却有着本质区别。按《绿色施工导则》的定义，绿色施工指在工程建设中，在保证质量和安全等基本要求下，通过科学管理和技术进步，最大限度地节约资源，减少对环境负面影响的施工活动，实现"四节一环保"（节材、节能、节水、节地与环境保护）。比如，实施封闭施工，管控扬尘污染，避免噪声污染，保持工地整洁，减少当地干扰，节约资源和能源，减少填埋废弃物。

低碳建造更加关注能耗带来的温室气体排放问题，是绿色施工的一部分。绿色施工虽涉及碳源和碳汇，但只作为其附属产物，并未真正落实低碳理念。基于低碳理念提出的低碳建造，将二氧化碳排放作为评价建造活动的重要指标，既要满足绿色施工的要求，还特别注重降低碳排放提高碳汇能力，促使施工中二氧化碳排放总量最小。

（1）低碳建造与绿色施工的区别

第一，两者应对目标不同。前者主要解决的是碳问题，针对的是气候问题；后者主要应对的是资源危机，强调的是"四节一环保"。

第二，侧重点不同。低碳建造强调施工过程降低对高碳资源使用；绿色施工则强调环境和经济协调发展。

第三，评价指标不同。低碳建造评价的是各种减少碳排放措施的有效性、合理性；绿色施工评价的内容则是资源节约措施的有效性、合理性。

第四，绿色施工没有碳排放的刚性约束。

（2）低碳施工与绿色施工的联系

第一，低碳建造和绿色施工讨论的阶段均为施工过程，甚至是建造全过程。

第二，两者都有预定的前提，都需要以满足工程施工最基本的质量和安全要求为优先考量点。

第三，都主张对资源的节约，减少资源消耗。

第四，都主张可持续发展，实现人与环境和谐相处。

（3）低碳施工与绿色施工的图形关系

低碳施工是低碳建造的核心内容，是在绿色施工强调施工过程、保证安全和质量前提、主张节约资源和可持续发展的基础上，进一步强调碳排放和气候问题，对碳排放有着刚性约束。准确地说，低碳施工是绿色施工的一部分，却也有明确的界定标准，见图 2.10。

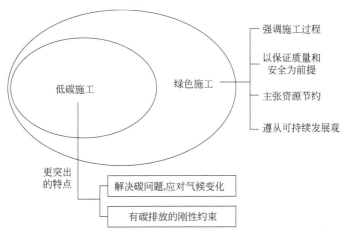

图 2.10 低碳施工与绿色施工的图形关系

2.3 建造过程碳排放：关键的 10%

施工阶段是建筑物化阶段，参与主体多，各种机械设备掺杂其中，工地围墙内外不确定因素难以透彻掌握，对管控碳排放形成一定的挑战。相对于建筑物物理寿命而言，施工活动持续时间短，但对建筑存续的影响却是深远的。IGT 在研究英国的碳排放现状后发现，建造过程碳排放占全国碳排放总量的 10%，很多人因此质疑低碳施工的减碳价值，低碳施工真的能减少碳排放？推行低碳施工有意义吗？

IGT 调查指出，英国建筑业的二氧化碳排放占全国总排放量的 55%。其中，既有建筑物的碳排放量占总排放量的 45%，建造过程碳排放量占到总排放量的 10%。虽然施工碳排放不足国内总排放量的 2%，但由于需要消耗大量的资源和能源，使用大量的施工机械设备，并且在短期内排放出大量温室气体，呈现出高强度和集中排放的特点。

阴世超在建筑全寿命周期碳排放核算分析一文中,对哈尔滨居住型建筑进行全寿命周期各阶段单位时间、单位面积碳排放核算(如表 2.2 所示),得出建筑使用阶段单位时间的碳排放是最低的,建材生产阶段碳排放最高。从单位时间减碳的角度考虑,建材生产阶段、施工阶段、拆除回收阶段的潜力更大,应当予以重视。

建筑全寿命周期各阶段单位时间、单位面积碳排放[26]　　　　　　表 2.2

建筑各阶段	材料开采生产阶段	建筑施工阶段	建筑使用阶段	建筑拆除、回收阶段
单位碳排放量 （kg/m² · a)	291.24	82.188	30.717	70.1

IPCC 第四次评估报告表明,建筑领域降低温室气排放所需要的成本相比其他行业要低,到 2030 年降低大约 50 亿 t 二氧化碳所需要负担的边际成本为零。在此基础上继续降低 5 亿～6 亿 t 二氧化碳所需边际成本在 20～100 美元/t 之间。建筑业的减碳成本低,减碳潜能很大。施工阶段作为建筑全寿命周期的一个重要阶段,在减少碳排放方面责无旁贷。

1. 从低碳建筑到低碳建造

低碳建筑(绿色建筑)与低碳建造有所不同,尽管两者都要求低能耗、低污染、低排放,最大限度地减少温室气体排放。

低碳建造要求在设计阶段就遵循低碳理念。设计阶段减少碳排放的潜能虽小,但是对后续阶段(尤其是运营阶段)碳排放量的影响却是巨大的。施工过程中所使用的建筑材料是主要的碳源之一。据测算,开采矿物并生产建筑材料排放的二氧化碳约占建筑物全寿命周期 15%。[26] 我国城市化进程伴随着越来越多的建筑垃圾,能否实现建筑垃圾二次利用,也影响着低碳建造能否实现。

建筑物运行阶段排放的二氧化碳约占建筑全寿命周期排放总量的 75%,其中包括建筑物自身的排放量和家用设备的消耗量。

推行低碳建造首当其冲的是创造性地解决低碳过程中遇到的问题,消除各种障碍。首先,建筑设计要坚持低碳准则,确保建设全过程达到减少温室气体排放的效果,立足低碳技术、环境、地形、区位等因素,把业主的要求转化为建筑方案。其次,要按照低碳设计方案,选用最佳的施工组织设计,将图纸转化为具

[26]阴世超.建筑全生命周期碳排放核算分析 [D].哈尔滨工业大学,2012.

体的建筑物，即建筑物化阶段。最后，统筹考虑低碳建筑、低碳设计与低碳施工三者关系，如图 2.11 所示。总之，没有低碳设计，低碳建筑就无法实现；没有低碳施工，低碳设计就无法由图纸转化为低碳的建筑物。

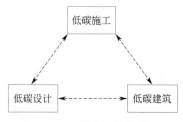

图 2.11   低碳建造的实现途径

2. 从低碳建造再到人居环境

自古以来，人居环境随着人类社会文明进步而不断演化。从远古时代遮风避雨的洞穴到现在安全、舒适、美观统一的摩天大楼，人居环境得到极大的改善。人居环境如此巨大改变与工业革命带来的建筑技术革新是离不开的。有种观点认为，粗放的生产方式以及对资源无节制的攫取不可取，要求进一步深化产业技术变革，积极践行可持续发展观。

（1）室内人居环境

媒体对环境污染问题的海量报道让人们逐步意识到室外污染的严重性。然而，对室内污染的了解却不多。"室内空间环境的污染程度远高出室外环境的污染"。[27] "室内装饰已演变成一种时尚，人们更加注重美感和享受，功能已不能满足人们的需求"。[28] 在追逐比较过程中，能源耗费型设计无处不在，复杂的空间设计和夸张的装饰造型，进一步提高该领域的能耗。根据有关资料显示，有92.3％的家庭对装修污染缺乏正确地认识，70％以上的家庭装修污染超标，污染严重超标达 16～40 倍的已占到全部数量的 34％。[29]

室内装修问题多，其中对人居环境影响最大的有以下两点：一是在室内装修时对原建筑墙体结构进行拆改，降低建筑物使用寿命；二是装修装饰材料的污染问题，对人居环境的影响最为明显。将低碳建造理论和方法用于室内环境建设，可以合理地选择环保装饰装修材料，或者采取一体化施工避免二次装修。比如，

[27]徐杰. 浅谈室内环境的人性化设计 ［J］. 文学与艺术，2010，（05）.

[28]方如康. 环境学辞典 ［M］. 北京：科学出版社，2003：67.

[29]尹明静. 浅谈室内污染的危害与治理 ［J］. 资源与人居环境，2007，02：79-81.

建筑工业化将建筑物的建造及装修以分块的形式完成，并直接在现场组装，能够在减少使用居室耗能量的同时，创造健康、舒适和时尚的居住环境。

（2）室外人居环境

低碳、生态、自然是现代景观设计、居住环境景观营建的首要原则，也是实现自然居住环境的重要途径。在城市中，人们由于工作繁忙，生活压力大，舒适的室外人居环境就成了人们放松身心的场所，而这一切可依靠低碳建造。

废弃的砌块堆砌假山，瓷砖边角料铺设小径，循环的中水做喷泉，废弃的钢筋筑成人物雕像……这些做法不但可以达到创意艺术效果，还能减少建筑垃圾的运输及处理费用，既节约成本而又低碳环保。另外，舒适的室外人居环境离不开绿色植被。合理的搭配植物种类，可以保证每个季节都"绿意盎然"；合理地利用水平和垂直方向的空间，既保证观赏性，又能吸收更多的二氧化碳。

3. 积少成多，创造低碳生活

低碳建造能够减少施工过程中的碳排放量，但推行低碳建造的意义并不局限于此。低碳建造范式能促使低碳设计趋于完善，应用更加广泛，还会推动低碳建材、低碳家用设备的生产使用。最重要的是推行低碳建造能够激发人们的低碳意识，养成低碳生活的习惯。

低碳生活代表着更健康、更自然、更安全的生活，同时也是一种低成本、低代价的生活方式，见图 2.12。低碳生活指生活作息时所耗用的能量要尽量减少，从而减少对大气的污染，减缓生态恶化。

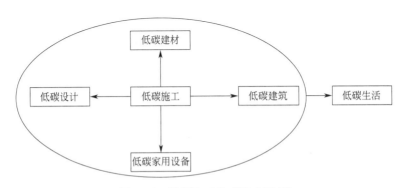

图 2.12　低碳施工的"链式反应"

日常生活的方方面面无不与碳排放有关，从穿的衣服到吃的食物，从居住的房子到代步的交通工具，可以从节电、节气和回收三个环节来改变生活细节。

2.4 建设全过程碳管理

同全寿命周期一样，建设全过程指的是建筑物从"摇篮"到"坟墓"整个过程所包含的各个阶段。无论是前期阶段的概念设计，还是施工现场的组织管理及后期的运营维护，碳排放问题一环紧扣一环，需要从全过程角度出发提出有效的管理办法。

1. 全过程碳源与碳汇

每一个建设活动或多或少都会排放二氧化碳。建设活动组成建设阶段，其包含的建设活动种类和数量反映着各建设阶段的任务特点。通过各建设施工阶段，单个建设活动的碳排放被串连成一条完整的建设全过程碳排放链。

碳排放方式包括直接排放和间接排放两种。前者是指燃烧天然气、煤等这类化石燃料所二氧化碳，如施工运输产生的碳排放是这种形式。后者是指在生产或服务过程中所消耗的中间产品所隐含的碳排放，施工现场使用的该类能源的典型代表是电能。建筑全寿命周期一般包括：概念阶段、物化阶段、运营阶段和废弃阶段，将其中涉及的碳排放源头提取出来，便可得到建设全过程碳排放链，如图 2.13 所示。

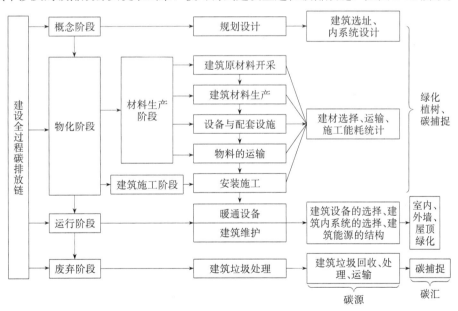

图 2.13 建设全过程碳排放链

由图 2.13 可知，在建设全过程中，物化阶段碳排活动最密集，包括材料生产和建筑施工。概念阶段不直接产生碳，但很大程度地决定着其他各阶段的碳排放。运行阶段碳排放活动较物化阶段少，但由于其时间跨度最大，累积碳排放量不容小觑；在建筑物废弃阶段，需要将建筑物拆除并运输至建筑垃圾处理地实现建筑垃圾再生利用，这一阶段可望实现建筑的"负碳排"。通过建筑材料的再生利用，有效地减少原材料开采，降低建材生产碳排放。借助图 2.13 的碳排放链，能够识别出各阶段及活动的碳源与碳汇。

（1）低碳源头——概念阶段

建设全过程低碳化需要理念先行，而低碳建设理念往往萌发于概念阶段。概念阶段一般指设计单位从接到设计任务书到完成施工图纸整个过程，本阶段活动对资源消耗少，甚至从整个建设过程来看都可以忽略不计。但概念阶段的建筑设计文件完整地表现建筑物外形、内部空间分割和结构体系，设定建筑物的体形系数、窗墙比，同时也确定建筑物将采用的材料、采暖、制冷和照明系统，决定建筑物的保温传热系数和采暖、通风、采光等基本参数。这些参数和系数共同决定着建筑物在施工和运营乃至废弃阶段的碳排放。考虑到概念阶段对后续阶段碳排放及控制有着举足轻重的影响，有必要将其作为建设全过程碳排放链的第一环节。

（2）密集排放——物化阶段

在建筑物化阶段，施工准备和实施都涉及大量的材料、设备、人力等资源，与碳排放有着千丝万缕的关联。

1）建材生产阶段

本阶段的碳排放主要来自于常用的建筑材料，如钢筋、水泥、混凝土、玻璃等。从原材开采、获取再到加工生产过程中，由于消耗资源而产生的碳排放及材料成品从产地运输到施工现场所产生。根据目前建筑业常用的建筑材料和加工工序，可以得到建材生产阶段的碳排放链，如图 2.14 所示。

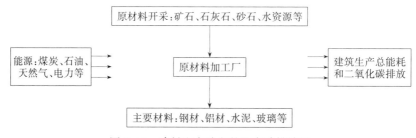

图 2.14　建材生产阶段的生产碳排放源

直接从自然界开采原料会破坏原始的碳汇，增加物料开采碳排放，需要付出一定的环境代价。建筑材料在生产过程中消耗能源产生碳排放，而建材本身也会排放二氧化碳。如生产目前使用最广泛的水泥 1kg，耗能所引起的二氧化碳排放至少为 0.27kg，熟料生产过程中自身释放的二氧化碳至少为 0.36kg，且随着标号的增加，碳排量还会依次增加。

本阶段的建材运输主要是指将成型的材料运输到施工现场。运输行为无法避免，尤其是运输距离在设计初期已经确定，只能通过选择运输工具的种类（公路、火车、水路运输），燃料动力源等控制碳排放量，见图 2.15。

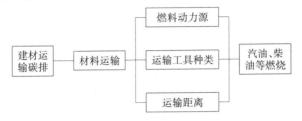

图 2.15　建材生产阶段运输碳源

研究表明，建材生产阶段的碳排量占建筑物化阶段碳排总量的 80%。[30] 因此，作为建设全过程中的碳排放大户，建材生产阶段的减碳措施十分必要。

2）施工活动

施工现场碳排放来源于施工区、办公区和生活区三个区域。在施工区里，从材料制作到安装及各项施工工艺的运用到废弃物处理，均会用到机械设备，也会涉及物料场内运输而产生碳排，见图 2.16。

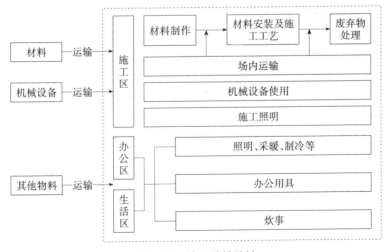

图 2.16　施工碳排放链

---

[30] Innovation & Growth Team. Low Carbon Construction IGT：Final Report. 2010：21.

总体来看，施工碳源大体分为四类：运输碳排放、机械设备碳排放、辅助设施碳排放以及废弃物处理碳排放，见图 2.17。

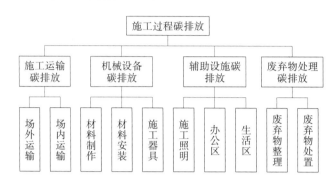

图 2.17　施工碳源

①施工运输碳排放

运输过程碳排放（图 2.18）主要有为运输工具的能源消耗，涉及运输工具种类、运输距离、运输载重、燃料动力源（汽油、柴油等）以及运输工具的能耗强度（单位运输量单位距离的耗能量）。现场运输可分为场外运输与场内运输，场内运输主要由于现场材料制作地与材料使用地不一致、挖土填土、废弃物处理等原因造成的，可以通过线性规划等方式优化运输路线，减少运输距离和碳排。场外运输涉及与当地交通管理系统的配合问题，在碳排放方面更难以管控。

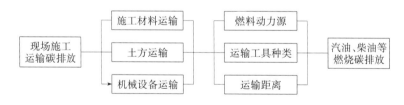

图 2.18　施工运输碳排放链

②机械设备碳排放

材料制作安装以及机械设备使用的碳排放来自于两个方面，见图 2.19。一方面是制作、安装材料时使用的机械设备，这种情况占了较大的比例；另一方面来自于材料安装伴随的二氧化碳排放，如混凝土浇筑。施工机械设备碳排放主要受到施工机械功率、耗油量、耗电量以及机械运行时间等因素影响，其中主要是含碳燃料燃烧所带来的二氧化碳。

图 2.19　机械设备碳排放链

③辅助设施碳排放

辅助设施分散在施工区、办公区以及生活区。施工区是现场活动的主要区域，需要提供充足的照明，会消耗大量电能；办公区使用办公设备（如电脑、复印机、打印机、照明工具和采暖制冷空调等），大部分消耗电能；生活区除了照明工具和空调的碳排，还有做饭烧水等炊事活动使用天然气或煤等燃料而产生碳排放（图 2.20）。

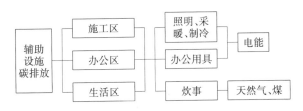

图 2.20　辅助设施的碳排放分类

④废弃物处理碳排放

施工过程会产生生活废弃物和建筑废弃物两类残留物，处理好废弃物是低碳建造的重要内容。首先是整理废弃物，使用人工或者机械进行垃圾清理和分装；再处置废弃物，一般是外运、焚烧和填埋。清理和分类会使用机械，燃烧汽油、柴油等化石燃料排碳，而焚烧则是在燃烧化石燃料排出二氧化碳的同时分解废弃物本身的碳，并最终产生碳排（图 2.21）。

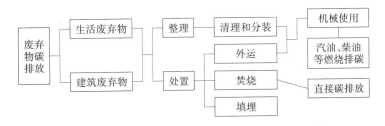

图 2.21　废弃物物碳排放的分类

（3）聚沙成塔——运行阶段

在建设全过程中，运行阶段持续时间最长。尽管运行阶段的碳排放往往都是由常规设备运行产生，但经过时间累积，本阶段的碳排放量占建筑业碳排放总量的比例高达90％，[39]是建筑存续碳排放中比例最大的阶段。该阶段的碳排放源一般可以分为系统运行阶段和设备维护阶段两个部分，如图2.22所示。

1）系统运行阶段碳排放

运行阶段碳排放对于不同的能源供应系统组成有所不同，主要来源于机房内设备直接燃烧产生的直接碳排放及消耗电力、蒸汽、热水产生的间接碳排放。例如，对于燃煤锅炉系统来说使用阶段的碳排放主要包括煤在锅炉内燃烧产生的直接排放以及鼓、引风机、水泵等消耗的电力引起的间接排放；对于水源热泵系统来说使用阶段的碳排放主要由热力机组等耗电引起的间接排放。常规系统使用阶段的碳排放在其生命周期内占主导地位，系统节能减排的潜力大小也主要在该部分来体现。

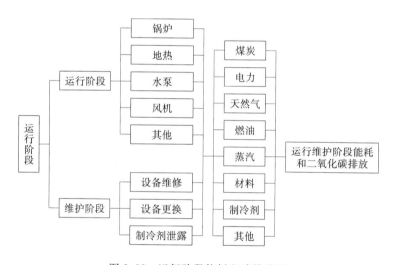

图2.22 运行阶段能耗和碳排放源

2）设备维护阶段碳排放

此阶段的碳排放伴随系统的整个生命周期，主要包括在系统使用阶段设备的维护、检修和更换时消耗能源和材料，引起的额外碳排放。另外某些设备的老化失灵也会增加二氧化碳排放，如热力或制冷机组在运行过程中制冷剂的泄漏也会引起温室气体的排放。

（4）最后的碳支出——废弃阶段

建筑物废弃与再利用是建筑全寿命过程中的最后阶段，其产生的碳排放量在建设全过程中所占比例并不高。但这一阶段是转变碳收支不平衡的关键阶段，主要包括系统设备管道拆除碳排放、废弃物运输处理碳排放和可回收材料回收造成的碳排，见图2.23。

1）系统设备管道拆除碳排放

建筑设有大量的系统设备管道，在拆除和运输过程中会产生碳排放。本环节的碳排放主要由室内和室外两部分组成：室内设备管道机械拆除，由运输机械运输至废品站的过程中，拆除机械和水平运输工具消耗能源产生碳排放；室外部分管道需要回收，挖掘和将管道运输至回收站消耗能源，产生碳排放。

2）废弃物运输处理碳排放

建筑废弃材料大部分可回收，如热力系统大部分为钢材，一般认为该部分产生的碳排放相对于系统生命周期内的碳排放是微乎其微的。

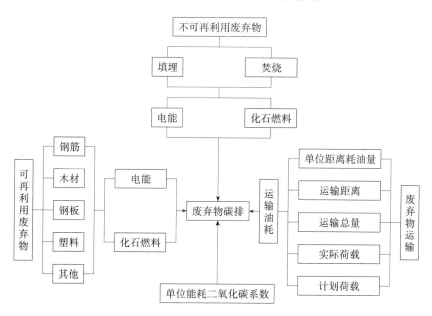

图 2.23   运行阶段能耗和碳排放源

3）可回收材料碳回收减排

可回收建筑材料可认为是可再生资源，允许循环使用，主要材料的再利用数据在现有研究中已有所明确。比如，钢材的报废周期一般是8～30年，报废后可重新回炉冶炼。用废钢铁炼钢，比用铁矿石炼铁后再炼钢节约60%的能源，40%的水，每冶炼1t钢可少排放二氧化碳1.59t。[31]再生铝的能耗仅为原铝生产

---

[31]扈云圈．废钢的回收与利用［M］．北京：化学工业出版社，2011.

能耗的 4.86%，二氧化碳排放量是原铝生产碳排放量的 4.6%。[32]可再利用材料的回收利用可减少能源资源的消耗，减少的碳排放量也非常可观，但系统使用材料在设备生产阶段已经产生碳排放，设备报废材料回收创造的效益体现在材料的下一个使用周期中。

（5）追求碳平衡——生物固碳和物理固碳

低碳建造要求在建设过程中不仅要减少二氧化碳排放量，也要实现二氧化碳的固定，即碳汇。增加碳汇是一种积极主动追求碳平衡的方法，目前主要有生物固碳和物理固碳两种方式。

1）生物固碳

生态固碳充分利用建筑固碳材料的固碳作用，在生产、使用、废弃和再生循环过程中吸收或消耗二氧化碳，起到碳封存之目的。不论是新型的还是传统的建筑材料，只要按照长效环保、低碳节能的理念进行改良和运用都能达到良好固碳的效果。

①新型生态建筑材料

科技进步促进建筑材料不断革新，近年来以健康、节能、低碳为特征的"生态友好型"建筑材料方兴未艾。澳大利亚生态技术公司成功开发了能够吸收二氧化碳的新一代生态水泥，将有可观的固碳效果。英国格林威治大学的学者们正在探索采用原细胞材料制造建筑材料，这种单核细胞可以吸收大气中的二氧化碳并转化为珊瑚状坚硬的含碳化合物，起到保护建筑结构的作用。

随着新型生态材料的应用、发展及向产业化推进，生态玻璃、环保油漆、健康涂料等一系列新型建材正不断融入绿色建筑中。

②木材、植物纤维材料

树木本身可以通过光合作用贮碳造氧。在树木生长过程中，碳元素一直贮存在植物体内，当树木死亡或腐烂后，植物体内的碳元素就会因分解作用排放到大气中。因此，树木的滥砍滥伐不仅会减弱森林的固碳能力，还会因分解作用释放二氧化碳到空气中。

木材是可再生资源，可将木材内含的碳元素转化为建筑材料固化在建筑中。

---

[32]丁宁，高峰，王志宏，龚先政.原铝与再生铝的能耗和温室气体排放对比［J］.中国有色金属学报，2012，22（10）：2908-2915.

树皮、竹子、藤类、麦秆等植物纤维合成材料也可增加建筑材料的固碳效果，从而避免木本植物在自然界氧化分解释放更多的二氧化碳。因长时间过量砍伐，我国森林资源稀缺，在新建筑材料中合理利用树皮、麦秆、刨花锯末、木片、树叶等，对固碳也有积极的作用。

2）物理固碳

在地球陆地生态系统中，位于陆地上部的固碳含量约562Gt，其中，自然界生态系统占到86%；位于陆地下部的固碳含量是1272Gt左右，自然界植被系统占全球土壤固碳含量的73%。在全球二氧化碳浓度不断上涨，气候升温加剧的今天，关注植物的固碳作用，利用其为建筑节能减排做贡献，是建造过程低碳化不可缺少的应用技术。

植物在建筑环境中起到净化空气降低二氧化碳浓度、降温增湿、净化空气及美化人居环境等的作用。因此，充分发挥植物系统的自身固碳生态作用，将有利于增加建筑碳汇，提高建筑本体绿化量，软化建筑的硬质景观。

①施工阶段碳汇

当前，与建设有关的碳汇有相当一部分依赖于林地和草地的植物固碳作用，我国《绿色施工导则》明确提出，施工单位在施工后要恢复施工活动破坏的植被；要求施工单位与当地园林、环保部门或当地植物研究机构合作，在先前开发地区种合适的植物，恢复剩余空地地貌或科学绿化，补救施工活动中人为破坏植被和地貌造成的土壤侵蚀；还要求逐步开展统计分析施工项目的二氧化碳排放量及各种植被和树种的二氧化碳固定量，可以看出建设过程固碳行为已逐步推广。

施工现场固碳的主要方法是在施工现场内外围布置绿色植物，施工周期较长的现场甚至可以按照永久绿化的要求安排。在布置绿色植物时要考虑到绿化的科学性，选取合适的植株类型，构造丰富的复层结构。例如，采取"乔木＋灌木＋草被"相结合的多层绿化方式，以提高植被固碳能力及生态效益。施工现场绿化是实现现场碳固定的有效方式，也优化施工环境，降低对周围环境的影响。

②运行阶段碳汇

建筑运行阶段固碳通常采用屋顶固碳、墙体固碳和室内固碳三大类，见表2.3。

建筑运行阶段的固碳分类   表 2.3

固碳类型	固碳原理	优点
屋顶固碳	通过屋顶种植各种绿色植被进行蒸发和光合作用吸收热量降低温度,降低能源消耗及二氧化碳排放。受屋面荷载的限制,优先选用树干矮小、根系分布广的乔木、花灌木等浅根系植物	投资少,节能减排效果良好,提高绿化面积,降低"热岛效应",对屋面空气相对湿度影响明显
墙体固碳	墙体固碳技术形式的选择是由建筑墙体固碳目标决定的。墙体固碳技术的类型受栽种植物的种类限制,植物种类有限,不同的植被固碳水平千差万别	有建筑物墙面绿化的建筑,室内空气温度较无绿化建筑物室内温度约低 3~5℃,空气相对湿度可提高 10%~20%
室内固碳	在建筑的中庭、内院及回廊等公共空间与适宜室内种植植物。室内植物的数量与室内二氧化碳的浓度成反比,室内绿色植物越少,二氧化碳浓度越高	既美化室内环境,又明显改善室内空气质量及湿度,提升室内环境品质

随着低碳概念的广受重视,在全过程碳汇基础上将有可能进一步实现固碳,特别是施工现场的固碳能力还有很大的发展空间。目前,碳捕捉技术如火如荼地发展,通常意义上的碳捕捉技术是通过化学反应将空气中的二氧化碳分离出来,但发生化学反应有两个要求,低温环境和二氧化碳排放密集。目前的施工技术水平难以满足上述两个要求,此外碳捕捉高昂成本。

综合说来,建造过程中的碳捕捉技术应用还需要经历从概念到理论最终走向可操作性的过程。

2. 从碳源碳汇看施工过程

建设过程中的碳源多,碳汇具有巨大的发展潜力,碳收支不平衡的现象很常见。建筑业要实现碳减排需要做好两手准备,做到在减少碳源碳排放的同时,增强碳汇固碳能力。物化阶段作为建设全过程中一个关键环节,既要确保前期低碳设计转变为现实,又要保证密集进行的建设活动符合碳排放最小化的原则。

施工过程低碳化不仅需要施工工艺发展创新,也需要以循环往复地流动和提升各种与项目建设相关的物质资源、能源为出发点。

(1)因地制宜

建设项目彼此之间的差异多,比如地形、地貌、地理气候条件,甚至承建主体、工期、费用和最终的交付成果也不尽相同。以土地为主的相关资源是建设工程项目的物质载体,在策划阶段时必须紧密联系实际,从本地土地资源条件、气候条件、周边环境影响因素和自身经济能力出发,建设与当地自然环境相得益彰的项目。

在很久以前，人们就注意到建筑本身与自然地域的融合，"上古穴居而野处"。在人类文明史的早期，人类利用某些特殊的地表和原有的洞穴罅隙乃至自行开挖洞穴而居。在现代，这种地形建筑也非常多。例如，重庆独特的山地形态及土地资源的稀缺使建筑形式充满想象空间，山地建筑应运而生。要求建筑设计尊重地形，减少人工开发对自然周边的影响，保持良好的自然植被和生态环境。减少地形改造的挖填。不仅可以充分利用土地、丰富空间层次，还可以控制项目的建造成本。如今，人们探索出山地建筑与地形融合的18种方法，即"台、挑、吊、坡、拖、梭、靠、跨、架、错、分、联、转、钻、退、让、掉、爬"，而每一种方法都匠心独运，很好地体现低碳建筑的基本原则。

实现低碳建筑的关键是因地制宜。事实证明，只有尊重自然，充分考虑到地形地貌对项目建设的影响，在此基础上进行合理的设计、规划与施工，依托原有的地势资源，化劣势为优势，与自然和谐相处，互利共赢，才是可持续发展的长久之道。

（2）就地取材

在获取土地空间以后，材料资源便成为推动项目建设低碳化的重点。只有通过一砖一瓦、一根钢筋、一立方混凝土、一块玻璃等不断组合拼装，才能构筑起低碳建筑。目前，国内有许多建筑师过度标新立异、追求眼球效应，在建设设计方案和建筑材料选用等问题上很少考虑到低碳环保的需要，采用大面积的玻璃幕墙等高能耗建筑材料，有时甚至不惜通过空运进口，增大运输费用来获得建筑材料。虽满足一时的建设需求，却严重违背了建造低碳化的基本原则。

每个地区都有它的优势资源，在项目建设的过程中，可以在保障基本需求满足的前提下，深挖本地建筑材料及可利用资源，尽可能就近取材，减少运输过程中的能耗和环境污染，同时还可以节省大量资源和时间。

（3）科学管理

施工现场有多种施工活动，如何平衡不同的施工活动，确保现场资源、能源、人员能够相互配合，使得施工过程有序、高效、低碳地进行，是一项重要的工作。仅仅通过引进新技术、新工艺难以实现高效率低碳排的跨越性转变。相反，只有在此基础上引入科学管理模式，不断提高施工管理水平，才能切实满足在施工过程中物尽其用，高效低碳。

　　施工材料、机械、人员的安排一般是在施工组织设计时确定的。因此，施工过程科学管理主要表现在施工组织管理上。施工组织设计一般以成本、质量、进度、安全为导向。如果施工组织设计在降低工程造价的过程中还能够兼顾现场资源利用率最大化、低碳化，能够在经济的层面上融入低碳的理念，那么施工过程中的碳排放将会得到有效降低。

　　科学的施工管理方案要求准确把握施工现场的环境和气候条件，将低碳设计的理念融入现场的设备机械选择当中，在现场的材料、人员、机械的调度过程中做到物尽其用。在利用网络计划技术对施工过程的工期和成本进行优化的同时，也应加入碳排放指标优化的理念，或者形成施工碳排放的关键路线法，以指导施工企业进行施工过程中的减碳行为。

　　降低碳排放不仅是一种工程行为，更是一种管理行为。工程行为需要科学的管理来加以引导，特别是对于施工过程这种涉及多种资源的复杂行为，更需要科学地管理协调。

3. 全寿命周期碳排放"立体追踪"

　　（1）各阶段低碳内容

　　低碳建筑的建设过程是一项复杂的系统工程，它要求建筑全寿命周期的每一个阶段都做出回应。比如，设定低碳目标，制定有效的节能减排措施、管理体制、工作规划。受各阶段工作内容和工作难度的影响，实现全面低碳化需要彼此关联，协同工作，具体如表 2.4 所示。

建设全过程各阶段低碳工作内容

表 2.4

建设阶段	低碳工作内容
从项目立项到方案制定	确定低碳建设总目标,根据技术经济条件和项目定位确定拟采用的低碳节能技术,写出科研报告及设计招标文件中的低碳节能技术要求,并进行现场调研,对拟采用的技术开展可行性分析
从初步设计到施工图绘制	对总体目标进行分解,确定各项节能技术的具体目标。按照节能标准和规范,利用模拟分析软件,确定围护结构、能源和设备系统、室内空调末端的方式和参数,通过建筑整体设计,充分利用自然条件,对各项低碳节能措施予以集成与优化,并落实到施工图上,从而得到各项分析计算结果
从产品采购到施工	严格按照施工图纸及相关文件采购合格的设备和材料(使用新型材料,从而起到提高效率和节约资源材料的作用。使用当地建材,就地取材,以减少运输过程中产生的碳排放),严格按照施工工艺流程完成节能关键部位的施工。然后根据产品型号及说明书认证检查安装情况,确保产品性能及安装达到节能设计要求。根据施工验收标准对关键部位进行验收,确保施工达到设计要求
从验收到运营	配合物业完成季节工况转换,将设备的节能减排效果调节到最优,制定长效节能减排运行制度,编制运行调节策略和节能管理制度

（2）全寿命周期碳排放计算路径

从前文对建设过程碳源碳汇的分析，可以拟定建筑物全寿命周期的碳排放计算思路。首先，以时间为节点计算建筑全寿命周期碳排放，将建筑物全寿命周期分为规划设计阶段、施工安装阶段、使用维护阶段以及拆除清理阶段（图2.24）。每个阶段的碳排放都有独特的来源和独有的计算方式，按4个阶段划分，可以更好地与全过程碳排放链对接，明细计算结果，更清楚地界定边界。

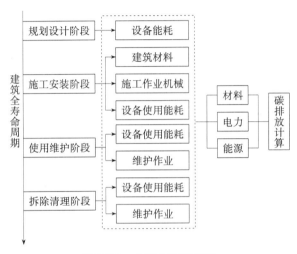

图2.24 全寿命周期碳源

全寿命周期碳排放计算步骤具体包括：首先确定建筑物碳排放的4个阶段，明确衡量边界；然后根据阶段划分，确定每个阶段的碳源，进行分析汇总；最后根据不同的碳源进行计算，得到最终的碳排放总量。

（3）碳排放量的追踪与管理

管理学有一种PDCA循环管理模式，如图2.25所示。

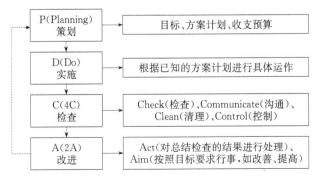

图2.25 PDCA循环管理模式

PDCA 四个阶段并非一次性的检查过程，而是循环往复的（图 2.26）。对低碳管理来说，PDCA 模式能够实现项目层面的碳追踪，提高建筑企业的碳管理能力。

在低碳施工全过程中，碳排放的测定与控制是碳管理中十分重要的内容，根据各阶段时间、空间特点，提出碳管理的 PDCA 模式：首先，在设计策划阶段测定各个阶段的碳排放量；然后在实际施工、运营包括拆除阶段测定自身的碳排放量，与计划的碳排放量相对比；最后分析原因，决定是否采取纠偏措施（图 2.27）。

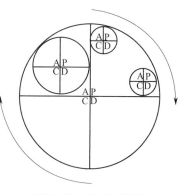

图 2.26   PDCA 循环

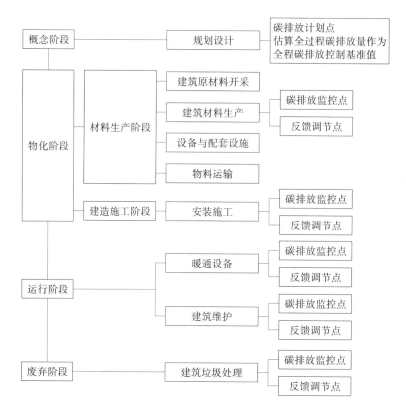

图 2.27   全寿命周期碳排放测算节点

4. 低碳建造的本质—提升资源利用率

低碳建造作为资源节约型社会在建设领域的一种表现方式，要求建设相关单位在保证工程质量、安全等基本要求下，最大限度地节约资源，实现低能耗、低碳排。为此，我国建筑业已开始从施工的各个方面开展减碳技术创新，这些技术无一例外地指向提高资源利用率。在资源的高效利用背后其实是一条有趣的碳元素"输入—固化—输出"的过程（图 2.28）。

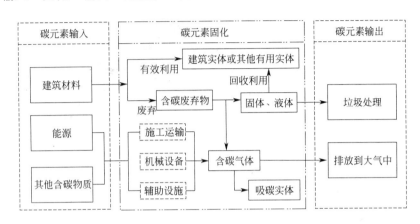

图 2.28 低碳建造的碳流动

（1）开源节流—新旧能源齐驱并驾

能源在施工活动中扮演着最基础、最重要的角色。建筑业的传统能源主要是化石能源，储量非常有限，在地球所有能源中占比相当小。在建造过程中，能源的高效利用至关重要。由于成本、工艺的限制，施工企业不仅要选择新型清洁能源，也要提高传统能源的利用效率。

1）开源—使用环保节能新能源

相较于有限的化石能源，目前正在大力发展的清洁能源资源丰富并且普遍具有可再生性，可供人类永续利用。据估算每年辐射到地球上的太阳能总量为 17.8 亿 kW，其中可开发利用的仅 500 亿～1000 亿 kW，但随着技术的不断进步，太阳能的利用率可望进一步提高。通过太阳能光伏系统，太阳能正在普及到建筑物中。据估算，全球陆地部分 3km 深度内、150℃以上的高温地热能资源相当于 140 万 t 标准煤。

我国部分低碳建筑已开始使用地热能，但应用范围较小，仍待进一步推广。世界风能的潜力约 3500 亿 kW，但因风力断续分散，风力利用仍待增加。海洋能包括潮汐能、波浪能、海水温差能等，理论储量十分可观，限于技术水平，现尚处于小规模研究阶段。当前由于新能源利用技术尚不成熟，成本高昂，能提供的能量仍然十分有限。

2）节流—传统能源高效利用

我国能源结构与低碳建造密切相关，受观念理念、需求惯性和科技水平的影响，要促使全国能源结构转变需要经历较长的时间。从发达国家工业化历程来看，调整能源结构并非易事。我国尚处在工业化、信息化、城镇化齐头并重的关键阶段，当前钢铁、石化、建材、电力和冶金等行业的能源消费量占工业能源消费量的比重超过70％，占一次能源消费量的比重超过50％，调整能源结构面临能源供需矛盾的巨大阻力。

现有的能源工业体系，包括一次能源资源开采体系、电力生产体系、石油天然气管线和电网等能源输送体系，铁路、汽车、火车、轮船、飞机等运输体系，以及居民生活用能体系，都建立在石油、天然气、煤炭等常规能源基础之上，由此形成庞大的资产和技术经济运行体系。因此，对传统能源的合理使用和改进十分重要。

（2）齐头并进，精进生产各要素效率

从前文所述可知，要求建设过程设计的各种机械设备满足全过程碳排放最小化的原则，提高建筑生产要素，实则是低碳建造的最佳体现。

倡导就地取材，正是为了提高材料利用率，而包括材料周转使用和建筑垃圾处理在内都应做到物尽其用。大量使用如在生产过程中提高能源利用率的内燃砖、在运营过程中提高供暖效率的空心砖等建筑材料，是在运输、制造等方面提高资源利用率的点点滴滴。

在施工机械方面，新型施工机械的利用将传统高碳排的施工机械淘汰出施工现场，提高施工过程能源利用率，特别是新型施工机械具有较强的稳定性、高效性和良好的控制性能。例如，数控钢筋弯曲机的弯曲机构就是由工业计算机控制，加工角度精确到1°，定尺长度精确到1mm，能够有效地提高钢筋的利用率。

新兴的低碳技术工艺，以施工过程中的水回收利用工艺为例，实现水资源在施工过程中的有效回收和重复利用。此外还有变频技术、液压技术在施工机械中的应用都能有效提高能源利用率。

（3）整体统筹，提升空间利用率

空间的有效利用反映在建筑的因地制宜上。重庆吊脚楼在满足低碳建造原理的同时，能够保证空间的高利用率。建造低碳化建立在现场布局低碳化的基础上，良好的施工现场设计能够更加合理地安排运输、装卸与储存作业，有效减少施工现场物资的运输次数和数量，避免二次搬运，减少施工耗时和耗能，充分利用有限的施工场地。

因此，低碳化的布局应以高效率、低排放为导向。其中的高效率既是项目层面的快速推进，也是技术层面的协调便捷；既是时间上的高效率也是空间上的高利用率。

（4）利用综合性低碳管理手段

提高资源利用率，要不断创新技术，管理方式的改变也非同小可。众所周知，管理的目的是指以管理主体，有效组织并利用人、财、物、信息和施工，借助管理手段来完成组织目标。低碳管理在低碳实践中发挥着指路明灯的作用，是低碳建设的保障。

建设工程项目所涉及的资源种类繁多、数量巨大、资源使用的费用占工程费用的比例大。如今在许多项目建设中，各作业之间关系复杂，资源使用不当不仅会引起额外的费用，也会增加项目的碳排量。另外，成本控制、进度控制和质量控制的约束加大资源管理和资源利用的难度。此时，实现资源优化配置，提高资源管理水平是施工过程低碳管理必须关注的问题，也是实现项目管理目标所必须采取的手段和措施。对低碳项目资源管理提出更高的要求，归根结底为对各生产要素进行集约式管理。

工程项目低碳化管理融合低碳管理思想、精益管理思想和人本管理思想，是一种以提高工作效率、资源合理配置，降低资源内耗为目的的集约化管理方式。其主要通过节能减排、保护环境和注重和谐的角度，审视建筑工程项目的计划、控制、协调与实施过程中的各项活动。除了满足项目质量、成本、进度目标外，还重视工程项目活动对资源及环境的影响以及与利益相关者关系的协调。可以说是从项目层面提高材料、机械、人力、能源、资金各个方面的利用效率。

工程项目知识管理是在项目管理时将知识作为管理对象，整合项目的外部知识和内部知识，促进知识交流和分享，实现项目高效管理和知识创新。同样地，低碳建设项目中出现了大量的新技术、新能源和新工艺，更需要实现知识的整合管理。随着工程项目的结束，知识和经验也随着团队解散而消失，造成资源浪费。知识管理能够提高知识等经验资源在工程项目中的利用率，从知识层面体现工程项目低碳管理理念。

另外，现有的建设项目管理往往以质量、成本和进度作为项目的主控目标，而忽略其他的影响指标。在低碳经济的大背景下，将碳排放指标纳入到建设项目管理的基本构成元素中是建设项目管理的趋势。如何平衡碳排放指标与其他指标的矛盾关系，还需要进一步的思考和探索。

总而言之，低碳施工离不开低碳管理，低碳管理的核心是提高资源利用率。

2.5　低碳建造的外部性

1. "高低"之争—碳排放外部性问题

外部性指单个生产者或消费者经济行为对社会上其他人的福利产生的影响，实质是私人收益和社会收益及私人成本和社会成本不一致的活动，是私人成本的社会化。它既是经济学问题，也是社会道德问题。

外部性根据其影响方式分为正外部性和负外部性。前者是指一种经济行为对外部产生的影响是积极的，增加他人收益，减少成本支付。后者是相对的概念，即一种经济行为对外部产生消极的影响，除了自己承担成本外，让他人或者社会也承担成本和负担，使得私人成本小于社会成本。生活中常见的是环境污染的外部性问题，一些企业排放大量废气、废水、废渣等造成污染。这种情况下，本应划为企业成本的环境污染成本却由没有排污的企业共同承担，造成企业成本与社会成本不一致，企业利益与社会利益的不一致问题，外部性就产生了。

（1）碳排放的外部性问题

碳排放作为一种外部不经济行为，其行为人是各种碳源，以能源企业和高耗能企业为主。二氧化碳的排放行为破坏的是全球的大气资源，大气层是全球最大的公共资源，大气因为其流动性，没有明确的产权主体，所以全球暖化是因为大气层陷入"公地悲剧"的结果。

由于气候环境变化具有明显的非排他性和非竞争性，碳排放权具有公共产品属性，碳排放行为的结果具有明显的外部性。按照相关要素具体分析碳排放的外部性，可以分为公共外部性、生产或消费外部性以及代际外部性三个方面。[33]

---

[33]张善明．中国碳金融市场发展研究［D］．武汉大学，2012.

公共外部性是碳排放外部性最本质的特征。从经济利益角度来看，气候的外部性问题不仅涉及国内不同生产者和消费者的利益，还关系到主权国家之间在国际贸易、投资以及公共资源分配等领域中的利益。

低碳经济发展既面对生产的外部性又面对消费的外部性。生产外部性指从事碳排放公共品生产的企业从消费者获得的报酬难以弥补其生产成本，从而导致其缺乏生产积极性和有效供给。消费外部性主要表现为伴随工业文明带来的产品供给不断丰富，人类高消费需求容易得到满足并不断膨胀，而由此带来的能耗、污染和碳排放水平不断提高。基于此，发展低碳经济须从供求两端实现低碳供给和低碳消费的有机结合。

代际外部性是指气候变化既影响当代也影响后代的存续发展。经济发展不仅要着眼于当代经济，更要考虑未来发展的可持续性。资源耗竭和气候恶化不仅祸在当代，更会殃及子孙后代。

（2）高碳建造的负外部性

1）建筑业高碳现状

建筑业作为国民经济的支柱产业，却也是高碳模式主要的产业部门。全寿命周期所产生的二氧化碳占据全社会总碳排放的 28%，建筑排放占据城市总排量的 50%，伴随建设活动所产生的二氧化碳占城市二氧化碳排放的 40%。[34]

在我国建筑发展过程中，高能耗一直占据着主导地位。再加上我国建筑的平均寿命只有 30 年，大拆大建进一步加剧了资源浪费。不可再生能源的日益减少，全球温室效应的产生，都迫使建筑业往低碳化方向发展。

2）高碳建造的技术锁定

高碳经济模式更加依赖传统建筑技术，而技术系统的局限性更加锁定高碳经济模式。在某项新技术应用与发展的道路上，初期会产生巨大的经济效益，规模报酬是递增的，但随着经济进一步发展，会越来越限制技术深化创新，负外部效应凸显。目前，经济发展模式便被限定在以当前技术为基础的高碳模式上，一个典型的例子是在 21 世纪初期存在三种主要内燃机——汽油驱动内燃机、蒸汽驱动内燃机和电动内燃机，其中汽油驱动内燃机最终成为主流，虽然综合来看并不是最好的选择，却因为当时这种内燃机技术以汽油为基础，汽油价格

---

[34] 王婉莹．建筑施工低碳化研究［D］．西安建筑科技大学，2013.

是最低的。

伴随经济发展，尤其是我国处于城市化、现代化和工业化的关键时期，这类严重依赖煤、石油和电力的技术系统已经对建筑生产力的发展产生巨大的阻碍。

3）高碳施工模式的政策桎梏

制度锁定高碳经济模式是由于高碳经济模式对制度依赖的负外部性越来越大。当某种技术和技术系统占据市场主流时，企业为了规避风险会主动采取此项技术，并逐渐设立相关技术的行业标准和供应关系。各种制度便以主流技术为核心共同演进，各种制度、组织、联盟也会形成，依次形成以主流技术为基础的制度锁定。

（3）低碳建造的正外部性

低碳新技术和新发明具有明显的正外部性，当低碳新技术或新发明出现并应用到实际工程中时，不但使企业本身的经济效率提高，增加企业技术的核心竞争力，还会产生溢出效益，改善外部环境，让其他主体从中受益。

低碳建造的正外部性表现在：建造难度增加管理难度和管理成本，但建筑投入使用，可实现对社会环境产生负面影响最小化。因此，低碳建造的正外部性如何实现及如何在建筑生产各部门被有效分享？是值得思考的焦点问题。

2."内外"之变—碳排内部化路径

环境经济手段是有关政府部门从影响成本—收益入手，引导经济当事人进行选择，以便最终有利于环境的一种政策手段，如图 2.29 所示。经济学家科斯与庇古在外部性内部化路径上存在的分歧，相应的环境问题解决路径就有了倾向于市场机制作用和倾向于政府干预的区隔。经济学理论界将通过政府直接干预解决环境问题的环境经济手段认定为庇古手段，包括税收、补贴、押金；而将主要通过政府借助市场机制解决环境问题的环境经济手段称作科斯手段，包括私人合约、排污权交易。在现代经济生活中，庇古手段中的排污收费和科斯手段中的排污权交易在环境污染控制中起到重要的作用。

（1）科斯手段—碳排放交易

碳排放权交易模式的思想核心内容是在交易费用为零的情况下，无论产权属于谈判的哪方，都会实现资源配置的帕累托最优，实现社会效益的最大化。只要产权界定清晰，交易各方就可以通过合约，力求交易费用最小的情况下解决外部性问题，把资源应用到效益最大或成本最小的生产中去。产权科学有效的界定可以提高整个社会的效率，降低社会的交易费用，合理配置资源，促进经济增长。

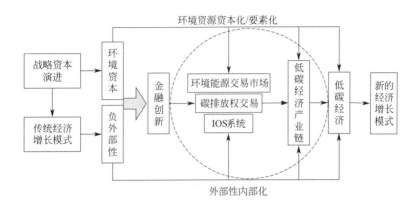

图 2.29 碳排放政策的外部环境内部化过程

资料来源：唐跃军，黎德福. 环境资本、负外部性与碳金融创新［J］. 中国工业经济，2010，06：5-14.

大气环境资源的使用有一定限度，体现为大气环境容量。即在一定区域内，考虑特定污染源布局和环境自净能力的前提下，为达到该区域所规定的环境空气质量标准和维持当地的生态结构和生态均衡所准许的大气污染最大排放量。建筑碳排放权即是这样一种对稀有大气环境资源的使用权，具体表现为建筑产权者或使用者为满足建筑正常功能的发挥，受自然条件和相关法律法规的约束，在政府监管部门依据一定原则分配的排放限额内，以不妨害他人的环境权益为条件，依法所拥有的向大气环境进行合理碳排放的权利。

建筑碳排放权交易指在一定管辖区域内，建筑业主在特定的碳排放交易市场中，拿碳排放权利进行自由的有偿交易，交易双方通过相互调剂排放权利，在实际碳排放不超过政府分配的排放限额的前提下，以成本效益最优的方式实现减排目标的一种灵活的市场机制。在这种交易机制下，可以促使建筑所有权人或使用者依据所分配的碳排放配额，结合建筑物本身的碳排放情况，做出相应的节能减排策略，从而将相对富余的碳排放配额拿到市场上交易并获得收益。然而，另一方面对于建筑实际排放量仍然高于排放配额的那部分，就需要责任主体去碳市场中进行有偿购买，从而保证配额总量与实际碳排放量相符，否则就要接受惩罚。

（2）庇古手段—碳税

以庇古为代表的福利经济学提出"庇古税"。庇古认为政府应该对产生正外部性的经济体进行相当于外部收益的财政补偿，达到私人收益等于社会收益的效果；对于产生负外部性的经济体征税，达到私人成本和社会成本一致的效果，以实现帕累托最优资源配置，使产出水平达到社会最大化的目标。典型的是环境税的征收。环境税是污染和破坏生态环境的主体对生态环境的一种补偿，以税收形式进行平衡，将其外在的社会成本"内在化"。这是国内外较普遍的一种措施。环境税的制定以纠正市场失灵、保护生态环境、实现可持续发展为目标。环境税包括消费税、生态税、收入税、碳排放税等。环境税的制定和完善对于企业减少环境污染达到经济产出最大化、实施可持续发展，走低碳化道路是极其重要的。

碳税征收的目的主要是对化石能源征税，提高化石能源的价格从而减少化石能源的使用，增强价格较低的风能、太阳能等新能源的竞争力。碳税的纳税人一般是下游的能源经销商或消费者。各国碳税收入主要用于对新能源产业的补贴、环境治理工程和其他政府开支等。碳税的弊端在于提高能源价格，推高物价。政府的碳税开支如果没有效果，达不到减少温室气体排放的目的。碳税的税负比较高，因此要求政府完善税收征管体制，否则会造成纳税企业和偷税漏税者的税负不均（表2.5）。

世界各国碳税征收方式 表 2.5

征收国家	征收开始时间	征收方式
芬兰	1990 年	每吨 20 欧元
瑞典	1991 年	每吨 107.15 欧元
丹麦	1993 年	每吨 89 欧元
意大利	1999 年	实施累进税率,从每吨 5.2 欧元到 68.58 欧元不等
加拿大	2007 年	每吨 14.62 欧元
澳大利亚	2012 年	对全国 500 家最大污染企业强制性征收碳排放税。征税标准是 2012~2013 年度为每吨 23 澳元,每年递增 2.5%

（3）政府干预

虽然碳排放在经济活动中难以避免，但国家可以通过环境保护法律、排放政策、行政禁止或处罚来限制排放，直接有效地对违法排放企业予以关闭或抑制。但行政干预只是针对少数违法企业的排放，对大量正常生产中的碳排放行为限制力度十分有限。一些地区的居民或组织可针对本地企业排放大量二氧化碳或二氧化硫等有害气体的行为向法院提起诉讼，法院根据当事人的诉讼请求进行判决。

在行政干预方面，国务院相继出台了《国务院关于进一步加强淘汰落后产能工作的通知》、《国务院办公厅转发环境保护部等部门关于加强重金属污染防治工作指导意见的通知》、《淘汰落后产能中央财政奖励资金管理办法》。这些法规和政策迫使高排放、高污染落后产能的关停并转，加大节能减排的力度。根据国家发改委公布的数据，"十一五"期间，我国上大压小、关停小火电机组 7682.5 万 kW，淘汰落后炼铁产能 12000 万 t、炼钢产能 7200 万 t、水泥产能 3.7 亿 t，极大地推进了我国节能减排。最近几年，我国实施退耕还林还草政策，大力鼓励植树造林，第七次全国森林资源清查结果显示，我国人工森林面积为 9.3 亿亩，占全国森林面积的 31.8%，每年的植树面积在 500 万公顷左右，吸收二氧化碳大体是 51 亿 t，森林碳汇的作用不可小视。

在法律法规方面，我国于 2005 年通过第一部《中华人民共和国可再生能源法》。2008 年颁布了《循环经济促进法》、《民用建筑节能条例》等法律法规，相继修订了《节约能源法》、《清洁生产促进法》、《森林法》、《草原法》等一系列法律法规，以促进节能减排，倡导低碳经济和循环经济。

国家不仅要运用强制手段去防治过量碳排放问题，还要培育把握经济发展方向和选择低碳发展战略的企业，并其顺利实施低碳战略完善发展机制和规章制度，并为其提供健康、有序的市场运行机制和良好的宏观环境。

3. 建造低碳化—从企业、产业到国际

（1）外界环境倒逼建筑企业低碳化改革

我国企业发展对环境的污染日趋严重，高污染、高排放仍然是整体经济的基本特征之一。国外大型企业对低碳化经营模式日益重视，日渐承担起自身的环境责任。然而，国内大多数企业仍然忽视自身的环境责任，加之我国当前产业结构不合理，导致我国整体碳排放水平居高不下。国内的资源和环境将日益脆弱，企业未来可能遭受频繁的反倾销和反补贴调查，甚至被征收"碳关税"。无论对国内资源与环境的可持续而言，还是对国内企业的发展空间而言，都强烈要求我国企业逐步改变既定的发展模式，从"黑色经营"逐步转向"绿色"经营，从高排放向低碳化方向发展。

（2）低碳化促进产业高效可持续发展

在全球气候变化和化石能源日渐趋枯竭的大背景下，提出了产业低碳化，是实现社会、经济与自然生态环境可持续发展的产业发展新模式，通过技术与制度创新，使原有产业实现低碳化转型，建立新兴低碳产业体系。降低产业发展对化石能源的依赖，促进能源利用的减量化与清洁化，减少以二氧化碳为主的温室气体排放量，最终实现人类产业系统的可持续发展。[35]

从产业体系的角度来看，符合低碳发展理念的产业主要涉及 4 个领域：①节能减排产业，主要通过技术创新、制度改进、加强管理等，提升能源利用效率，降低生产和消费环节的碳排放量，如火电行业减排、工业企业节能、智能电网、建筑节能、绿色物流、家电节能、可再生资源回收等产业；②传统化石能源的低碳化利用产业，如洁净煤、煤气液化燃料、碳捕集、碳储存等产业；③清洁能源产业，主要指太阳能、风能、地热能、水电、潮汐能、生物质能、海洋能等可再生能源以及核电等产业的开发利用；④相对低碳的第三产业，特别是指围绕碳排放权交易市场的金融服务产业，主要包括碳指标交易、碳期权期货、碳证券、碳基金、企业碳管理咨询服务等相关产业（图 2.30）。

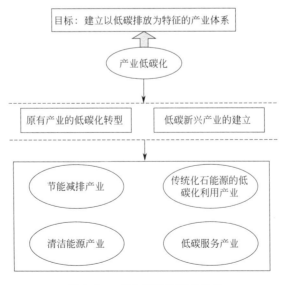

图 2.30　产业低碳化战略布局

[35]马晓利．基于产业低碳化发展的产业政策战略环境评价研究［D］．南开大学，2012.

（3）低碳化有利于规避国际"碳"壁垒

当前，绿色贸易壁垒成为许多国家保护本国利益的新方式。西方各国纷纷为产品生产、销售、使用及废弃物处理制定了较高的质量和环保标准。欧盟于2005年和2006年分别实施WEEE（废弃电子电气设备）指令和RoHS（在电子电器设备中限制使用某些有害物质）指令。这两项指令主要针对电子工具、家用电器等我国主要出口的机电商品。此外，很多国家尤其是发达国家居民的绿色消费行为日益盛行。在购买产品时，消费者不仅考虑产品的性能和价格，也着重考虑环保因素。在此背景下，我国施工企业将逐渐丧失劳动力廉价的优势，难以继续靠超低价格持续扩张市场份额。为此，我国建筑施工企业急需积极实施低碳化发展战略，增强环保意识，树立低碳和绿色的企业形象，打破绿色壁垒和"碳"壁垒，提高企业竞争力。

（4）从资源到资本—碳金融市场的打造

碳金融市场的参与主体有供给方，包括项目开发商、减排成本相对较低的碳排放实体卖家、国际金融组织、碳基金、技术开发转让商等；还有需求方，包括减排成本相对较高的排放实体买家，基于社会责任或履约义务进行碳交易的碳排放企业、政府、非政府组织及个人等自愿买家。当然，金融机构也可以进入碳交易市场，提供交易平台、融资、保险、对冲交易等相关的金融服务。

碳金融市场的发展与运作具有重要意义。首先，国际碳金融交易市场潜力巨大。据清洁发展机制执行理事会统计，京都议定书中具有减排义务的成员国，每节约1t碳排放额，需要花费80～90美元的成本，而从发展中国家购买同样数量的排放额只需要约十分之一的成本。因此，大多具有减排义务的企业都会选择从发展中国家购买碳排放权。

据世界银行的研究估计，2008～2012年全球碳金融交易每年会出现7～13亿t的需求量，交易金额每年能达到600亿美元。只有积极发展碳排放权交易市场，我国才能在今后的国际碳金融交易市场中有一定的话语权。目前，欧盟、美国、澳大利亚、日本正在建立以碳金融交易体系为主的减排机制。我国的减排机制不能脱离当前国际碳金融交易市场，中国作为世界上最大的碳排放国之一，应建立与国际接轨的碳减排体系交易体系。

碳金融交易市场的建立，将为政府宏观调控节能减排提供新的有效工具。政府可以通过控制全国各年度排放额度，进行宏观调控；还可以通过管理与调剂全国排放额度，在市场买进或卖出排放指标，实现宏观调控。国际经验证明，一个有效规范的碳排放市场是促进碳减排行之有效的办法。要保证碳金融市场的有效运作，高效开展碳排放交易，建立健全该市场的交易机制。具体而言，包括运作流程、价格形成机制、定价标准、交易法律规定等。机制的完善与规范是保证碳交易有序、顺利进行的关键。

3 施工活动低碳化

施工活动是工程实施阶段的生产活动，多为露天作业，没有固定的生产线和生产人员，部分施工活动的开始和终止时间点甚至都难以确定。对此，可将施工活动分为两个部分：场内施工和场外施工。前者是在施工作业场所进行的所有活动，包括场内运输、机械设备使用、制作安装等；后者指的是场外运输和材料生产等。此外，材料生产、采购、运输对现场施工影响大，碳排放衡量与管理工作繁杂。因此，施工准备阶段的碳排放问题也值得纳入考虑。

3.1 低碳施工的边界与特性

低碳施工活动是低碳建造的关键环节，以建成低碳建筑为目标，从施工活动范围、过程以及各种工艺设备等方面，全方位实现低碳、零碳甚至是负碳的生产活动。

1. 施工现场范围

每一个施工项目都有相对固定的地点。有的施工地点连续且范围可圈可定，比如房屋建筑有固定的施工场所且可用建筑红线将其与周围建筑物分离开；有的施工地点较为分散，不可将其施工场所圈围在一个或几个有限的范围内，如通信项目信号塔施工常常为野外作业，数量多且相邻两个施工点距离较远；有的施工地点狭长不易圈围，如公路铁路施工，长度长，周边环境繁杂，不易确定施工地点的界限。场外施工主要为场外运输和材料的选择（包括材料生产阶段），而场内施工即在施工场所一定范围内进行的各种与建筑施工相关的活动，如施工场内运输、现场配料、土方挖填、现场施工、管理人员办公、工作人员生活等。

之所以将场内活动和场外活动分开，是为了更好地界定低碳施工。施工活动复杂多样，对于低碳施工的界定并非易事，更不用说对施工活动碳排放量的监测与管理。因此，推行低碳建造的前提和基础是界定好施工现场范围。

2. 施工现场碳流动

将施工现场看作是一个封闭的空间，进入封闭空间的碳元素数量不会改变，即输入碳等于固定的碳和最终输出碳的总和。如图 3.1 所示，输入到施工现场的碳元素，除了形成有用实体和固定在绿色植物中以外，其余部分均以废弃物（固体、液体和气体）的形式输出施工现场。按照本书第二章陈述的低碳建筑原理，要控制施工过程碳排放，需要对这三个环节进行合理的控制，即减少碳输入、实现碳固定最大化和减少碳输出。

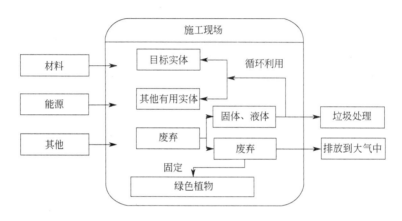

图 3.1　施工现场碳流动示意图

作为建筑业发展趋势之一，低碳建造对建筑生产提出了一定的发展要求：通过机械设备、施工材料和技术工艺的革新实现碳排放的降低，达到保护环境的目的。本章将从低碳施工要素入手，对施工活动低碳化进行阐述。

3.2　机械设备选择与管理

随着我国经济不断发展，施工机械化越来越受人们的重视，各种各样机械设备广泛应用于施工过程，既减少施工人员工作负荷，加快施工进度，也使很多人工不易操作的工序变得简单可行。机械设备相对于人工而言更加快捷，但对环境的影响却是巨大的。传统的机械设备以化石燃料为主要动力，在使用的过程中会排放出大量的尾气，寻找新型洁净能源是减少施工机械碳排放的一条出路。

据资料显示，在引起全球气候变暖的有害物质中，施工机械作业及建筑物运营和维护能耗占30%。数以百万计的工程设备需要源源不断地消耗能源，高能耗及能源利用效率低下的现状令人堪忧。大多数的施工机械还是使用内燃机。截止2012年年底，内燃机市场的大中型工程机械保有量620万台，2012年消耗商品燃油2.8亿t，占消耗总重量的58.7%，消耗商品汽油8684万t、商品柴油1.7亿t，其中农业机械、工程机械、船舶及其他动力装置消耗8000万t。工程机械方面按照台数、作业小时数计算，大概消耗3300万t燃油。内燃机二氧化碳排放总量占全国总量的10%。

此外，达到使用年限或报废的设备亟待处理，处理不妥将带来社会资源的极大浪费甚至造成二次污染。从上述统计资料可知，施工机械是造成施工环境负荷的主要因素。为使施工环境负荷最小化，一方面应提高设备利用率减少不必要的运作，另一方面应选用低碳环保型的施工机械。

美国环境保护署2008年报告指出，在建设场地排放的二氧化碳中，有76%来自燃油消耗，24%来自电力消耗。施工机械设备几乎都需要依靠能源作为动力，而消耗能源就一定会造成碳排放。不同类型的机械即使消耗相同数量的能源，碳排放数量也会有所不同，这跟机械设备自身的性能有关，低碳环保型的机械设备尾气排放量小，能源利用率很高。例如，高效、节能的电动机工作效率比普通标准电动机高3%～6%，平均功率因数高9%，总损耗减少20%～30%（图3.2～图3.4）。因此，合理选择、配置施工机械设备是减少此类型碳排放量的关键。另外，还应使用节能型油料添加剂，清洁燃油系统，增强引擎动力，同时避免大功率施工机械设备低负载长时间运行。

图3.2　新型数控钢筋弯曲机　　图3.3　钢筋焊接网成型机组　　图3.4　智能墙体抹灰机

1. 建立机械设备管理制度是基础

对机械设备的有效管理在于提高生产效率，实现低能耗、高产出。当前，建筑施工对机械设备依赖程度越来越大，机械设备已成为影响工程进度、质量和成本的关键因素。保持机械设备的低能耗、低碳排、高效率是建立施工机械设备管理制度的目标。施工机械设备需要建立在人机互动良好的基础之上，当一个建设工地简单到只需要少量操作员时，机械设备管理制度更多针对的是符合机械设备性能的操作规程，即所谓的"人机"问题。除此之外，一个复杂的施工现场还要关注在机械设备管理中人与人的沟通协调问题，减少彼此误判而造成人身安全、施工效率等问题。因此，建立高效的机械设备管理制度是实现低碳建造的基础。

2. 提升设备操作人员操控能力是关键

操作人员应通过国家有关部门的培训和考核，取得相应机械设备的上岗操作资格。此外，一些建筑企业从理论和时间操作上加强双重培训，操作人员只有掌握一定的理论知识和操作技能后，才能上机操作。反之，难以驾驭施工机械设备，必然会加重施工过程中碳排放问题。

在施工现场管理过程中，项目部通常会强化操作人员正确合理使用机械设备的责任心，积极开展评先创优、岗位练兵和技术比武活动，多手段培养操作人员刻苦钻研、爱岗敬业、竭诚奉献的精神，也是施工机械设备管理过程中重要的一环。

3. 加强机械设备维护管理是保障

任何工程机械设备使用一段时间以后都会出现不同程度的故障，一旦出现问题，除了性能和效率难有保障外，化石燃料燃烧就会不充分。为此，许多现场项目经理都要求设备操作人员制定日常的维护制度，包括施工机械每次运行前和运行中的检查与排除运行故障，运行后对施工设备进行养护，添加燃料和润滑油料，检查与消除所发现的故障。

施工企业应该安排专门人员对机械设备定期维护，主要包括例行维护保养、一级维护保养、二级维护保养、磨合期维护保养、换季性维护保养、设备封存期维护保养等。按有关规定需要进行维护保养的机械，如果正在工地作业，可以在工程间隙进行维护保养，不必等到施工结束才进行。

为此，通常的做法是根据机械设备的使用情况，密切配合施工生产，按设备规定的运转周期结合季节性特征进行保养与维修，如夏季因冷却系统散热不良，发动机温度很容易升高，影响发动机充气系数，使功率下降；润滑油因受高温影响而黏度降低，润滑性差；液压系统因工作油液黏度降低而引起系统外部渗漏和内部渗漏，降低了转动效率。

4. 提高机械设备使用效率是根本

合理安排工序，提高各种机械设备的使用率和满载率，是降低其单位耗能的根本。在编制施工组织设计时，应合理安排施工顺序、工作面，减少作业区的机具数量，充分利用相邻作业区共有的机具资源，做到机具资源共享和利用，减少设备的闲置时间。大型钢构件或预制混凝土构件、安装工程的大型设备、砌体材料等大宗材料应尽量一次就位卸货，避免二次搬运。

在满足负荷要求的前提下，主要考虑电机经济运行，使电力系统功率损耗最小。对于已投入运行的施工机械设备，根据实际负荷系数与经济负荷系数的差值情况即可认定运行是否经济，等于或相近时为经济，相差较大时则为不经济。除此之外，根据负荷特征和运行方式还需考虑电机发热、过载及启动能力留有一定裕度，一般在 10% 左右。

对恒定负荷连续工作制机械设备，可使设备额定功率等于或稍大于负荷功率；对变动负荷连续工作制设备，可使电机额定电流大于或稍大于折算至恒定负荷连续工作制的等效负荷电流，但此时需要校核过载、启动能力等不利因素。

【案例 1：贵州中天·未来方舟项目】

贵州中天·未来方舟项目位于贵阳南明河的下游流域。项目面积达 9.53 万 km²，建设用地 5600 亩，建筑面积约为 720 万 m²。项目一开始就定位为生态城市，申请并获批全国首批生态示范区，要求工程建设最大限度节约资源，减少施工活动对当地天然生态环境的负面影响，实现"四节一环保"。作为全国的生态与科技试点项目，未来方舟将使用同层排水、风力发电、中水利用、呼吸式幕墙、能源监测管理系统、户式垃圾处理等先进技术，实现建筑物运行期的节能减排和生活垃圾的科学化管理。

在施工过程中，该项目使用新型的机械——自动化数控钢筋弯箍机，它是一种全新的自动化生产机械，采用全自动数控化机械进行无废料标准化的钢筋弯箍生产。完全由机械控制钢筋弯箍的长度、角度、弯度和弯箍机的运行速度，完全省去人工测量、画线等过程。同时，很少产生废料，每吨节约 100 元人民币，经综合计算钢筋废料的回收利用率达 60%，节省人工 20%。

3.3　材料选择与使用

1. 就地取材彰显低碳智慧

在中国岭南沿海地区有一种独特的建筑文化遗产——"蚝宅"。在珠三角古村落形成之初，当地交通条件并不发达，很多原材料需要通过水路运送，但耗费时间及成本极不合理。然而，虽然石、木难得，但当地的气候条件却孕育丰富的牡蛎壳资源。"蚝宅"应运而生。当地百姓发挥生态智慧解决废弃牡蛎壳资源适应性技术问题，包括牡蛎壳粉粒的制备和墙体材料的选择。牡蛎壳粉粒有很广泛的用途，将牡蛎壳煅烧加工或者碾碎成粉粒再掺合黄泥、红糖、蒸熟的糯米等配置的灰浆，粘结力强，既可以充当砌筑粘合剂，也可用于打土坯、夯土筑墙或烧制砖瓦等，作用犹如现代的水泥。另一方面，因牡蛎壳质地坚硬、外观朴实，砌筑技术使用得当同样能使墙体的荷载平稳传递。从当地流传的"千年砖万年壳"的说法中即可看出这类墙体的坚固稳定和原始砌筑技术的高超。

在欧美许多国家，房屋建造也体现了就地取材的特色。在当地木结构因取材方便、储备丰富而得到广泛使用，木结构技术发展十分迅速。而现代木结构是集传统的建筑材料和现代先进的加工、建造技术于一体的结构形式，加工成许多特色的木别墅、木结构房屋，不仅比传统的钢筋混凝土建筑节约了建设成本，也展现了建筑自身时尚环保的独特风韵。据统计，2000 年美国平均每年都有近 150 万幢新的住宅建成，其中大约有 90% 采用木结构，如表 3.1。

美国 2000 年新建住宅的结构形式统计　　　　　　　　　　　　　表 3.1

	单户住宅(幢)	多户住宅(幢)	总计(幢)	比例(%)
轻型木结构	1114000	275000	1389000	87
混凝土结构	124000	45000	169000	11
钢结构	6000	9000	150000	<1
原木结构	5000	—	5000	<1
梁柱体系木结构	3000	—	3000	<1
其他	12000	1000	13000	<1
总计	1264000	330000	1594000	100

社会发展趋势是强调节约环保，不仅提倡就地取材，还要让这些材料真正做到获取科学环保。然而，怎样的建筑材料才能尽可能地减少对环境的破坏，从而满足可持续社会发展的要求呢？这个问题仁者见仁，智者见智。可以预见的是，更多更新的建筑材料将不断涌现。

瑞士的纸塔项目是轻型建筑中一个有趣的例子，该纸塔外径 13m、高 33m，1992 年建成，已成为瑞士当地的标志性建筑物。整个塔所用的材料纸板占 79.26%，木材占 20.22%，钢材占 0.52%。用纸做结构材料不仅可以减小建筑物的重量，加快施工速度，降低成本，而且建筑物拆除后，纸可以重复利用，对节约资源、环境保护亦有好处。目前世界上已有一些用纸结构建造的临时性和半临时性的建筑，为建筑使用可降解性材料开辟了一条"绿色"通道。

除了纸质资源之外，还有一些比较经济的做法就是使用废弃的砂砾、石块、矿渣等作为建筑材料，经过一定的加工，将其用到适合的地方同样可以发挥出既定的功能，体现出现代、时尚、环保的气息。我国是地大物博、资源丰富的大国，每个地区都有独特的资源可以作为建筑材料。在选择材料上，可以不必拘泥于某一种形式，只要能满足同等的功能需求，就可以大胆地尝试，通过科学的方法充分利用本地已有的建材资源，这样不仅可以为建筑商节约材料的运输成本、避免浪费，还可以促进本地经济的发展。

2. 低碳材料选择面面观

从狭义上讲，建筑材料仅包括构成建筑物或构筑物本身所使用的材料，而广义上还包括水、电、气等配套工程所需设备和器材，以及在建筑施工中使用和消耗的材料，如脚手架、组合钢模板、安全防护网等。人们通常所说的建筑材料主要是指构成建筑物或构筑物本身的材料，即狭义的概念。

建筑材料分类及内容   表 3.2

建筑材料类型	定 义
主材	组成建筑物实体的建筑材料，如钢材(钢筋、型钢等)、水泥(或商品混凝土)、砌筑材料(如砖、砌体等)、防水材料(如各种类型的防水涂料、防水卷材等)、门窗等
辅材	除了主材之外的用于建筑物本身的材料，包括水泥、砂子、板材等大宗材料，腻子粉、白水泥、胶粘剂、石膏粉、铁钉、螺钉、气针等小件材料，配电工程使用的电线、线管、暗盒等也可视为辅料
周转材料	在施工过程中可以循环使用的材料，如脚手架和模板

（1）低碳材料选择的影响因素

材料是施工过程中必不可少的一部分，施工中的低碳材料应遵循低能耗、低排放、低污染的原则，提高其回收利用性。低碳材料选择可以从四个方面考虑：生产过程碳排放低；施工过程碳排放低；周转率和回收利用率高；运行过程有节能减排效果。

1）材料生产碳排放对施工阶段材料选择的影响

材料生产过程对施工阶段降低碳排放没有做出直接贡献，但是对建筑整个生命周期碳排放的影响非常巨大。碳排放分为隐含碳——由机械设备电力和热力等能源消耗而引起的碳排放，和实际碳——能源、物质的直接燃烧而引起的碳排放。对于材料而言，在生产过程中产生的隐含碳排放占整个建筑生命周期碳排放的极大比重，人们不得不在使用材料时充分考虑该材料在生产过程中所排放的碳以及其对环境产生的影响。

目前，我国建材生产仍然沿袭粗放型的方式，很大程度上依赖于物质、能源的高消耗，同时也产生大量的温室气体和工业废弃物，给环境带来相当程度的负面影响。2010 年与建筑业密切相关的全国钢铁、建材、化工等行业单位产品能耗比国际先进水平高出 10％～20％[36]。以水泥工业为例，现生产 1t 水泥熟料约排放 940kg 二氧化碳，水泥行业生产排放的二氧化碳约占我国工业生产二氧化碳排放总量的 20％，据此估算，我国水泥工业排放二氧化碳占全国总排放量的比例至少在 10％以上，远高于世界 5％的水平[37]。可见选择生产过程碳排放量小的建筑材料是实现低碳建造的关键。比如内燃砖，高掺量粉煤灰烧结砖具有提高能源利用率，降低坯体密度和煤灰的预分解作用等节能效应，可明显降低坯体焙烧的燃料消耗。与外燃砖相比，节能效率可达 25％以上，减少二氧化碳排放量 25％以上。

2）其他因素对施工过程材料选择的影响

在施工过程中采用碳排放低的建筑材料，可以减少建造过程碳排放。比如，采用预制混凝土来代替现浇混凝土，可以减少混凝土在现场浇筑过程中机械及人工产生的碳排放；再比如用空心制品来代替一部分实心制品，由于其自重较轻，运输负荷小，可以减少机械运输碳排放，且其热传导性较强，节能效果显著。

[36] 国务院关于印发节能减排"十二五"规划的通知.

[37] 蒋秀兰，刘金方. 我国建材业低碳发展对策 [J]. 开放导报，2013，第 4 期（4）：59-62.

使用周转率高的建筑材料可以间接降低施工碳排放：材料周转率高，会增加循环使用的次数，减少因材料报废而进行废弃物运输产生的碳排放和引入新材料的运输碳排放。另外，周转率高的材料，总的使用量就会减少，也会减少生产材料时排放的二氧化碳。

建筑运行期能耗占建筑整个生命周期能耗的 60% 之多，而在建设期间采用适当的节能减排材料可以很好地减少运行期能耗和碳排。如建筑中使用保温材料就是典型的做法，使用新型墙体保温材料，不仅可以简化施工工艺降低施工损耗，还可以达到更好的保温效果，减少使用阶段碳排放量。

（2）低碳材料内容

1）低碳建材

按照我国现行的建筑生产技术和管理现状，低碳建材主要包括九个方面内容：

①水泥

水泥是低碳建材选择的重中之重。我国自主研发的"高性能水泥"，耐久性提高 1 倍以上，水泥生产的综合能耗降低 20% 以上，环境负荷降低 30% 以上。高性能水泥在大幅度提高性能的同时增加工业废渣的掺量，消纳大量固体工业废弃物，提高利用效率，降低资源和能源消耗。与传统水泥相比，高性能水泥生产过程节煤 20%～30%，减少二氧化碳排放 20%～50%。同样地，绿色生态水泥一般是由火山炭、固体废弃物等原料研制，既具有传统水泥的性能，又节省矿物资源，减少生产过程中二氧化碳的排放，节约生产所需的能源。

澳大利亚生态技术公司开发一种能够吸收二氧化碳的生态水泥，其主要成分为废料、粉煤灰、普通水泥和氧化镁。它充分利用氧化镁低能耗、消耗大量废料的特点，在强度上与普通水泥完全相媲美。该公司声称，如果生态水泥能代替全球普通水泥的 80%，将会有 15 亿 t 二氧化碳被吸收。

②新型墙体材料

新型节能墙体材料是近年来广泛应用在建筑工程中的墙体材料，可以替代传统的不具节能功效的、高污染的、高能耗的实心砖类材料。这类产品既可以适应建筑新功能要求，还可以为建筑工程提供更高的安全性能。新型节能型墙体材料产品非常丰富，如轻集料混凝土小型空心砌块、蒸压加气混凝土砌块砖类，主要有多孔砖、填充保温材料夹心砌块、空心砖蒸压灰砂砖、蒸压粉煤灰砖、混凝土空心砌块、混凝土夹心聚苯板等。新型节能墙体材料具有保温隔热性能高、质量轻巧、承重性能好等特点，并且这类新型节能墙体材料大多是可以回收利用或者以前被遗弃的废料。

③陶瓷薄板

陶瓷薄板比传统陶瓷制品要薄许多，由于厚度减少，既减少原材料的使用量，也减少再生产过程中能源消耗，可以有效降低生产过程碳排放量。由于重量较轻，运输过程也能节约运输成本和运输能耗。

④新型混凝土

随着科学技术的不断发展，出现越来越多的新型混凝土。表3.3罗列的三种新型混凝土就是典型的例子。与常规混凝土相比，新型混凝土使用的能源和原材料减少1/5，可降低1/3碳排放，减少3％水消耗。

新型混凝土 表3.3

序号	种类	特 点	适用范围
1	高耐久性混凝土	通过对原材料质量控制和生产工艺优化,采用优质矿物微细粉和高效减水剂作为必要组分来生产的具有良好施工性能,满足结构所要求的各项力学性能,耐久性非常优良的混凝土	适用于各种混凝土结构工程,如港口、海港、码头、桥梁及高层、超高层混凝土结构
2	自密实混凝土	混凝土拌合物不需要振捣仅依靠自重便能充满模板、包裹钢筋并能够保持不离析和均匀性,达到充分密实和获得最佳性能的混凝土,属于高性能混凝土的一种	适用于浇筑量大,浇筑深度、高度大的工程结构;配筋密实、结构复杂、薄壁、钢管混凝土等施工空间受限制的工程结构;工程进度紧、环境噪声受限制,或普通混凝土不能实现的工程结构
3	轻骨料混凝土	采用轻骨料的混凝土,其表观密度不大于$1900kg/m^3$。轻骨料混凝土具有轻质、高强、保温和耐火等特点,并且变形性能良好,弹性模量较低,在一般情况下收缩和徐变也较大。轻骨料混凝土应用于工业与民用建筑及其他工程,可减轻结构自重、节约材料用量、提高构件运输和吊装效率、减少地基荷载及改善建筑物功能等	利用其保温、减轻结构自重等特点,适用于桥梁、高层建筑、大跨度结构等工程

⑤低碳幕墙

建筑外围结构是建筑能耗最多的部位之一，改善建筑外围结构用材有助于节省能耗，实现碳减排。低碳幕墙就是将低碳技术应用于建筑幕墙，达到碳减排的目的。从建筑外围护墙的前期策划、设计、材料采购、生产制造、安装施工、使用以及拆除报废的全寿命周期，应用低碳和现代节能技术，使用低碳材料，最大

限度地减少能源消耗和碳排放并能提高能效、保护环境、减少污染，如表3.4
所示。

低碳幕墙 表3.4

序号	种类	特 点
1	隔热幕墙	将断热铝合金型材、节能玻璃以及性能良好的密封材料有机地结合起来，达到最佳的节能效果。铝合金型材外侧通过采用聚酰胺尼龙66的断热条进行连接，形成断热铝合金型材，解决了铝合金型材导热系数大的问题
2	双层幕墙	由内外两层幕墙(门窗)构成，内层通常采用有框玻璃幕墙或门窗，外层采用有框玻璃幕墙或点支撑玻璃幕墙。利用双层结构中间空气通道冬天产生的"温室效应"和夏天产生的"烟囱效应"这一自然物理现象，大大提高保温隔热性能
3	光电幕墙	集发电、隔热、隔声、维护及装饰功能于一体的新型功能性建筑幕墙，是幕墙技术和太阳能光电技术的完美结合。光电技术产生的电能是一种清洁能源，发电过程中并未消耗不可再生能源，也不会产生废渣、废水、废气，无噪声，不污染环境，最大限度体现低碳幕墙环保、节能的发展趋势
4	陶板幕墙	以陶土板为面板材料，铝型材或钢型材为支承结构，具有多种特点：颜色多样、色泽温和、不褪色、没有光污染；中空结构大大降低材料的自重，提高保温隔热和隔声降噪性能；具有良好的易洁、自洁功能，比天然石材更耐酸碱腐蚀，不易污染；未损坏的陶土板可以被再次利用，已经损坏的可以回收作为新陶板生产的原材料，实现资源循环使用
5	遮阳幕墙	在普通幕墙的室内、室外或中空玻璃的空腔，安装遮阳帘、遮阳百叶、遮阳格栅、遮阳板等遮阳系统，以阻挡阳光、紫外线和热量直接进入室内的节能幕墙。遮阳幕墙遮挡和减少直射室内的太阳光，防止眩光照射；利用自然采光，使阳光通过漫反射进入室内，避免大面积使用玻璃幕墙所造成的光污染；减少室外热量进入室内，降低空调能耗
6	生态幕墙	与自然生态环境组成统一的有机体，不仅能够根据外界及周围环境的变化自动改变其性能，以充分利用阳光及降低建筑能耗，而且尽可能少地消耗不可再生资源，最大限度地利用可再生能源，并主动地尝试利用太阳能及其他自然能源。在施工和使用过程中可拆卸、易回收、废弃物少、重复利用资源

⑥节能玻璃

节能玻璃除了能遮风挡雨和采光外还具有高透光性能、强反射性能、保温性
和隔声防火等特性，主要包括三大系列：中空玻璃、真空玻璃和镀膜玻璃。

中空玻璃是用有效支撑将两片或多片玻璃均匀隔开并对周边粘结密封，在玻
璃层之间形成有干燥气体的空腔，其内部形成一定厚度的被限制流动的气体层。由
于这些气体的导热系数远远小于玻璃材料的导热系数，因此具有较好的隔热性能。

真空玻璃空腔内的气体非常稀薄，近乎真空，由于真空构造隔绝热传导，故
其传热系数很低，保温性能更好，具有更好的节能效果。真空玻璃的传热耗热占
建筑物总耗热的比例比双玻窗减少7.4%，建筑物节能率提高6.5%。以1万 m²

建筑物为例，采用真空玻璃塑钢窗每年可以节约暖气能耗相当于 1220t 标准煤。日本开发出一种真空玻璃，具有良好的隔热和隔声效果，其厚度只有 6.2mm，可直接安装在通常使用的窗框上，比目前在欧美流行的复层玻璃效果更好，且安装使用方便。

镀膜玻璃应用较为广泛，如低辐射镀膜玻璃（Low-E）、智能阳光控制镀膜玻璃、双银和三银低辐射镀膜玻璃等。

⑦新型防水涂料

新型防水涂料主要指材料新、施工方法新，是相对辅助材料等传统建筑防水涂料和传统石油沥青油毡而言的。如表 3.5 所示，新型防水涂料的开发和应用考虑到密封、保温等要求，也在节能、环保、舒适等各个方面提出更高的要求和更新的标准。

新型防水涂料　　　　　　　　　　　　　　表 3.5

材料 ＼ 优点	高强度	弹性大	防水性好	无毒无害	可湿作业	施工简便	粘结性好	抗渗性强	渗透性强
聚合物水泥防水涂料	√	√	√	√	√	√			
现代绿色防水材料			√			√			√
喷涂速凝橡胶沥青防水涂料			√	√		√			
非固化橡胶沥青防水涂料				√	√	√	√		
渗透性环氧树脂防水材料									√
聚合物水泥防水砂浆		√	√					√	
喷涂水泥基防水材料	√		√		√		√	√	
双组分聚氨酯防水涂料	√	√	√	√		√			
机硅渗透型防水保护剂			√					√	
无机硅（裂缝自愈型）防水材料	√		√				√		
非沥青基自粘防水卷材					√		√		
TPO 防水卷材	√	√							

⑧外墙保温

如表 3.6 所示，在我国墙体保温技术发展进程中出现了外墙内保温、外墙外保温、外墙夹芯保温、外墙自保温等多种墙体保温技术。其中，外墙外保温系统能够节省制热和制冷系统能源消耗 30%～70%。寒冷地区的冬季，室内温度高于室外，合理的构造设计不仅保证建筑物的耐久性和使用质量，而且节约了能源，降低采暖、空调设备的投资以及维修和管理费用。

新型墙体保温技术 表 3.6

序号	种类	特 点
1	胶粉聚苯颗粒浆料	将胶粉料和聚苯颗粒轻骨料加水搅拌成浆料,抹于墙体外表面,形成无空腔保温层,是一种废物利用、节能环保的材料
2	挤塑聚苯乙烯外保温材料	表层密度较高且具有闭孔结构的内层,使其导热系数比较低,拥有更好的保温隔热性能。在抗湿性能方面,其使用厚度可小于其他类型的保温材料,在潮湿的环境中,仍可保持良好的保温隔热性能。适用于冷库等对保温有特殊要求的建筑
3	单面钢管网架聚苯板外墙	将钢丝网架聚苯板置于将要浇筑的外墙外模的内侧,外保温板和墙体一次成活,拆模后保温板与墙体合二为一。质量很轻、板材比较大,相对来说比较容易施工,且施工操作技术也比较易于掌握
4	聚苯颗粒外墙保温材料	将废弃的聚苯乙烯塑料加工破碎成为 0.5～4mm 的颗粒,作为轻集料来配制保温砂浆。可以作为保温层、抗裂保护层和抗渗保护面层。并且生产 1t 胶粉聚苯颗粒保温材料可以消耗 400kg 工业粉煤灰,8m³ 废旧聚苯板,能够实现建筑垃圾和工业垃圾的再利用,达到环保的目的

⑨新型模板

我国传统模板是木材制作的，传统支模方法是就地加工。随着建筑结构体系快速更新换代，对模板技术也提出了新要求，必须采用先进的模板技术才能满足现代建筑工程的施工要求。近年来，我国积极推动、支持多元化代木新型模板的研发与推广，出现了以钢材、竹材、塑料、铝材等代木模板材料。新型模板表面光滑、平整，使得浇筑成型的混凝土外观质量好，面层不用抹灰，不易产生孔洞、露筋、蜂窝、麻面等质量通病，同时减少材料和人工消耗。另外新型模板强度高，不易变形，使用周转次数高，在高层建筑施工中优势显著。

新型模板 表 3.7

材料 \ 优点	板面平整	精度高	重量轻	通用性强	刚度好	周转次数多	操作简单	成本低
清水混凝土模板	√	√						
钢(铝)框胶合板模板	√		√	√	√	√		
塑料模板	√			√		√	√	√
铝模板		√		√		√	√	√
预制箱梁模板					√	√		

2）低碳材料选择

事实上，材料碳排放主要集中在钢筋、水泥、塑料、玻璃、石材、木材、石灰等方面，水泥建筑、卫生陶瓷、平板玻璃、水泥制品、玻璃纤维，这些加起来占建筑总能耗的95％。因此，在施工中不仅需要选择低碳建筑材料，还要注意既有材料节约使用问题。

首先，采用4R（Reduce、Reuse、Recycle、Renewable）原则对建筑选材方面进行合理设计及优化：

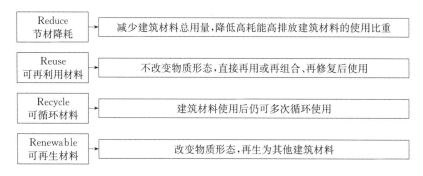

图 3.5　4R 原则内容

第二，尽量使用符合国家政策、技术要求并且已经成熟的以废弃物为原料生产的建筑材料，例如粉煤灰砌块、脱硫石膏制品等，以减少对资源的消耗和环境的污染。在国家发改委环资［2004］73 号关于印发《资源综合利用目录（2003年修订）》的通知中，与建筑材料有关的产品包括部分在矿产资源开采加工过程中综合利用共生、伴生资源生产的产品，综合利用"三废"生产的产品，回收、综合利用率高的再生资源生产的产品以及综合利用农林水产废弃物及其他废弃资源生产的产品（见表 3.8）。

由废弃物产生的与建材相关的产品　　　　　　　　　　　表 3.8

类别	序号	内　　容
一	1	利用采矿和选矿废渣(包括废石、尾矿、碎屑、粉末、粉尘、污泥)生产的金属、非金属产品和建材产品①
二	1	利用煤矸石、铝钒石、石煤、粉煤灰(渣)、硼尾矿粉、锅炉炉渣、冶炼废渣、化工废渣及其他固体废弃物、生活垃圾、建筑垃圾以及江河(渠)道淤泥、淤沙生产的建材产品
	2	利用冶炼废渣②回收的废钢铁、铁合金料、精矿粉、稀土、废电极、废有色金属以及利用冶炼废渣生产的建材产品
	3	利用化工废渣生产的建材产品

类别	序号	内　容
二	4	利用制糖废渣、滤泥、废糖蜜生产的电力、造纸原料、建材产品,以及利用造纸污泥生产的建材产品
	5	利用工矿废水、城市污水及处理产生的建材产品
	6	利用烟气回收生产的建材产品
三	1	利用废塑料生产的塑料制品、建材产品、装饰材料、保温隔热材料
	2	利用废玻璃、废玻璃纤维生产的玻璃和玻璃制品以及复合材料
	3	利用废纸、废包装物、废木制品生产的各种纸及纸制品、包装箱、建材产品
四	1	用林区三剩物、次小薪材、竹类剩余物、农作物秸秆及壳皮(包括粮食作物秸秆、农业经济作物秸秆、粮食壳皮、玉米芯)生产的木材纤维板(包括中高密度纤维板)、活性炭、刨花板、胶合板、细木工板、建材产品
	2	利用地热、农林废弃物生产的电力、热力
	3	利用刨花、锯末、农作物剩余物、制糖废渣、粉煤灰、冶炼废矿渣、盐化工废液(氯化镁)等原料生产的建材产品

①建材产品:包括水泥、水泥添加剂、水泥速凝剂、砖、加气混凝土、砌块、陶粒、墙板、管材、混凝土、砂浆、道路井盖、路面砖、道路护栏、马路砖及护坡砖、防火材料、保温和耐火材料、轻质新型建材、复合材料、装饰材料、矿(岩)棉以及混凝土外加剂等化学建材产品。

②冶炼废渣:包括转炉渣、电炉渣、铁合金炉渣、氧化铝赤泥、有色金属灰渣,不包括高炉水渣。

第三,采用新型节能技术生产的材料,从源头减少碳排放。随着建材产业结构调整的不断深入,落后的建筑生产技术和工艺正逐渐被淘汰,新技术工艺在材料生产中的使用频率逐渐增加。如表3.9所示,国家推荐使用的与建筑材料有关的节能和综合利用技术也越来越多样。

国家鼓励发展的资源节约综合利用和环境保护技术　　表3.9

序号	技术名称	简　介
1	绿色环保建筑砌块和混凝土多孔砖的制造技术	将建筑垃圾经特殊工艺破碎、处理为可利用的再生集料,再将其和胶凝材料、粉煤灰等工业废料、外加剂、水等通过搅拌、加压振动成型、养护而成为可广泛应用于各种建筑墙体的新型墙体材料。运行该技术可节省大量烧砖用地和建筑垃圾堆放场地,节省大量砂石资源
2	复合节能砌块的技术	以废渣、骨料、水泥、粉煤灰来配制不同密度的混凝土,保湿层采用高阻燃苯板粒子,加热一次模具成型的EPS异型块,其关键技术在于将高效保温材料的EPS板通过榫形结构的内设拉结筋,在成型机内一次成型"复合"在砌块内。根据选用材料不同,可生产非承重型复合节能砌块,也可生产承重复合节能砌块

序号	技术名称	简　介
3	早强减水剂工艺技术	利用混凝土外加剂、染料中间体 MF 分散剂生产过程中产生的工业废渣(萘系硫酸盐工业废渣),通过高密压滤和高新技术处理,使各项组分进行分离、烘干、粉碎,配以其他组分复配混合,生产新型环保型化学建材——早强减水剂(混凝土外加剂),生产过程没有二次污染。该技术的推广能解决国内混凝土外加剂行业中每年所产生的 52 万吨工业废渣对社会(包括土地、水)的污染
4	胶粉聚苯颗粒复合聚氨酯保温材料	将聚苯乙烯材料、废聚氨酯材料、粉煤灰等废弃物通过物化或化学回收方法,将其改造成保温建筑材料。在胶粉料中加入纤维,使保温层材料受到的变形应力得到分散和消解。采用发泡与稳泡技术和有机材料包覆无机材料的微量材料预分散技术,增强材料的湿操作性和干稳定性。该技术可消纳城市白色垃圾、粉煤灰,减少二氧化碳的排放
5	粉煤灰页岩烧结空心砖技术	根据粉煤灰化学矿物组成均与黏土页岩矿基本相似,利用粉煤灰中残留的热值,将之用烧结砖制品,可达到烧砖不用或少用煤的目的。由于粉煤灰可塑性差,加入一定比例高塑性材料混合,可解决烧结制品的成型问题。采用该项技术后,避免因粉煤灰的堆放造成的污染,同时也减少加工和燃烧对环境和大气产生的污染
6	含钒钢筋制造技术	钒是钢中常用的合金元素之一,加入钢中可以改善钢的组织,提高钢的强度。为生产强度级别更高的钢筋,通过在 20MnSi 钢中加入 0.04%以上的微量钒,可以使钢筋强度提高到 400MPa,甚至 500MPa 级,满足国内建筑行业对高强钢筋的需求。与低强度钢筋相比,采用高强度钢筋,可以在保证建筑物安全裕度的条件下减少钢筋用量,节约钢材
7	低热硅酸盐水泥生产及应用技术	以贝利特(β-C_2S)为主导矿物的硅酸盐系列水泥,具有工作性好、水化热低、后期强度高且后期强度增进率高、高温强度稳定性好、干缩小、耐磨好、抗化学侵蚀能力强、耐久性等好一系列优异性能。低热硅酸盐水泥熟料烧成煤耗比通用硅酸盐水泥低 15%以上,窑台时产量提高 20%以上,二氧化碳、SO_2 和 NO_X 等有害气体的排放量相应减少;其熟料中 C_2S≥50%,水泥强度等级达到 42.5 级;由其制备的高性能混凝土和水工混凝土具有优良工作性、力学性能、热学性能和耐久性
8	利用废旧胶合板加工工字形木梁技术	采用胶合板生产中的下脚料和废旧胶合板作为原材料,应用专利技术,通过胶粘剂的作用,将各种单件(木、竹)组合构成强度高,刚度大的承重构件,应用于模板工程、房屋木结构以及承重构筑物等。使用年限 7～20 年,是天然枋木的 3～7 倍,极大节约了天然木材
9	预应力竹质模板生产技术	应用预应力钢筋混凝土基本原理,将两种性能截然不同的材料—竹条(片)和钢筋通过合理方法结合而成。两种材料特性在结构中得到有效利用和发展,使该结构板达到单一竹材所无法达到的性能。预应力竹质胶合板可广泛应用于建筑、水利水电、桥涵、高耸构筑物等混凝土模板工程,房屋木结构,临时设施结构等。由于使用竹条(片)和钢筋作为原材料,与传统的模板使用木材相比较,每 1m³ 预应力竹质胶合板可替代木材 6m³ 以上,是节约木材的好方法

　　第四，使用符合国家要求的、减少能源消耗的包装和运输方式完成建材的采购与运输。经过多年的发展，我国专业化的散装水泥在产、运、储、用等环节构成的产业和技术链已初具规模，并且逐步形成散装水泥、预拌混凝土、预拌砂浆"三位一体"的散装水泥发展格局。坚持推广水泥散装化，目前来看，已产生良好的社会经济效益。据监测统计，1978～2008年，全国累计生产散装水泥37.42亿t，可节约标准煤8600万t、减少粉尘排放3760万t，减少二氧化碳排放2亿多吨，减少二氧化硫排放73万t，实现经济效益1684亿元。

　　第五，采用高性能、低材耗、耐久性好、可循环、可回收和可再生的建材，减少不可再生资源的使用。加强材料性能、环境影响等指标检测，及时淘汰落后产品，加速新型低碳建材的推广使用。节能建材是指能够避免建筑高能耗的一系列材料，主要有以下几种：用中空镀膜的绿色玻璃制成的塑钢窗，具有隔绝噪声、防止紫外线辐射、调节室内热量的功能；用于外墙保温的一些材料，这些材料不仅具有保温的效果，还有较高的防火性能；内墙方面的节能材料，具有避免尘土、保温、减少室内能量散失的功能。

　　第六，模板、脚手脚、安全网等周转材料要选择耐用，维护、拆卸、回收方便的材料。减少现场垃圾产生，合理组织流水施工，采用早拆模体系，提高模板及支架的周转次数。表3.10为部分施工中周转率高、节约材料、施工方便的脚手架。

脚手架类型

表3.10

种类	特　点	适用范围
附着升降脚手架	用于高层和超高层的外脚手架，只需搭设4～5层的脚手架，随主体结构施工逐层爬升，也可随装修作业逐层下降。利用建筑物已浇筑混凝土的承载力将脚手架和专门设计的升降机构分别固定在建筑结构上，当升降时解开脚手架同建筑物的约束而将其固定在升降机构上，通过升降动力设备实现脚手架的升降，升降到位后，再将脚手架固定在建筑物上，解除脚手架同升降机构的约束。如此循环逐层升降	适用于高层或超高层建筑的结构施工和装修作业。对于16层以上，结构平面外檐变化较小的高层或超高层建筑施工，推广应用附着升降脚手架。也适用桥梁高墩、特种结构高耸构筑物施工的外脚手架
电动桥式脚手架	大型自升降式高空作业平台，可替代脚手架及电动吊篮，用于建筑工程施工，特别适合装修作业。电动桥式脚手架仅需搭设一个平台，沿附着在建筑物上的三角立柱通过齿轮齿条传动方式实现升降，平台运行平稳，使用安全可靠，且可节省大量材料	主要用于各种建筑结构外立面装修作业，已建工程的外饰面翻新；结构施工中砌砖、石材和预制构件安装；玻璃幕墙施工、清洁、维护等。也适用桥梁高墩、特种结构高耸构筑物施工的外脚手架

3. 施工现场低碳材料管理

（1）材料管理低碳化

材料管理低碳化最主要的是最大限度地降低材料消耗。为此，在施工现场，根据工程类型、场地环境、材料保管和消耗特点，采取科学的管理办法，从材料投入到成品产出全过程进行计划、组织、协调和控制，保证生产需要和材料的合理使用。比如，材料采购要制订明确的环保材料采购条款，对材料供应单位进行审核、比较、挑选。在采购前，对材质及性能进行详细的检查、检测，确保符合要求。材料进场后质量部门对材料的表观质量及尺寸按检验标准进行检验，检查各材料生产厂家的产品质量证明书。

按照低碳建造原理，现场应加强材料计划和采购管理的针对性。比如，根据施工进度、库存情况合理安排材料采购、进场时间和每次进场数量，减少库存积压。对于周转材料要根据施工流水安排，合理确定材料用量，并在日常工作中制定维修与保养计划，降低损耗。选用适宜的运输工具和装卸方法，防止损坏和遗漏。根据施工现场平面布置合理地就近堆放，避免和减少二次搬运，堆放有序，储存环境适宜，防止因日晒、雨淋、受潮、受冻、高温或地基变形等环境因素造成损坏。材料使用采取严格的登记使用制，随时掌握施工用料信息。比较实际施工材料消耗量与计算材料消耗量，对偏差采取措施，降低材料浪费量。如表 3.11 所示，制订合理的节材计划目标值，及时记录并与目标值对比有助于控制材料使用碳排放。

材料节约使用记录表　　　　　　　　　　表 3.11

主要控制项目	节约目标值	实际使用
钢筋	损耗量小于预算量的 2%	
方木	回收达到 40%	
混凝土	损耗量小于预算量的 2%	
脚手架	损耗量小于预算量的 10%	
安全网	100% 回收	
模板	损耗量小于预算量的 1%	
柱箍	无损回收达 100%	
穿墙螺栓	无损回收达到 60%	
丝头保护帽	损耗量小于预算量的 10%	
临时用房围挡	临房、围挡重复使用效率达 75%	
连接套筒	损耗量小于预算量的 1%	

注：节约目标值可以根据施工具体情况确定。

材料管理低碳化要求大力推行工业化施工方法，即用工业化的生产方式将构件在施工场地外组合，运输到施工场地后可直接搭接施工的一种施工方法。工业化施工可以提高建筑物的劳动生产率，提高建筑的整体质量，降低成本，降低物耗、能耗。

（2）建筑主材低碳化管理

按照价值工程的二八定律，施工现场应抓好建筑主材低碳化管理，围绕钢材、木材、混凝土等用量和使用规律，提高材料的减量处理、回收再利用处理，以及生产调配过程中的能源消耗。

1）钢材

首要的是优化钢筋配料及钢构件下料方案。比如，在钢筋及钢结构制作前，应对下料单及样品再三复核，无误后方可批量下料，保证钢筋进场计划的准确性。对钢材消耗进行经济和技术分析，节约钢筋使用量。施工中的废旧钢筋按照长度分类堆放，采取防水、遮盖等措施避免锈蚀，留在后续再次使用。

2）木材

控制好方木、板材等木料进场计划。在用量计划提出后进行严格的核对，从源头控制材料用量。施工中使用的竹胶板、梁、柱模板根据配料单统一发送，减小整张板的现场切割数量。无法使用的废弃板材可用于土建预留洞口的封盖。对于施工中的废方木，长木截余材料统一收集，机械开榫、抹胶、机械对接挤压合成，经过对接后进行再利用比如，短木用作满堂式脚手架下的垫木、外线垫层模板和梁柱快拆体系次龙骨的填充物。

3）混凝土

在混凝土进场时，根据预算量、报方量和实际量确认混凝土运输量。浇筑混凝土时严格控制标高，现场随浇筑、随测量，避免因超标高和浇筑不平而产生浪费。利用冲洗罐中剩余混凝土硬化现场临时道路，对于落地混凝土及时清理和回收，经加工制作成临时小型混凝土构件，如混凝土墩等。

4）模板

以铝合金模板、铝框或铝梁胶合板模板与高强铝支撑组合的铝合金模板早拆、快拆、飞模、大墙模板技术，极大地提高工作效率、减轻劳动强度。具有爬架功能的建筑保护屏与悬挑模板梁结合的安全防护系统，省去外墙脚手架的大量工料。自密实预制混凝土楼梯，省去现场模板工料和时间，减少现场二氧化碳排放和用水量。

铝模板技术在玛丽莲·梦露摩天大楼（Marilyn Monroe Skyscraper）得到广泛应用。该建筑在 2012 年被世界高层都市建筑学会评选为美洲最佳高层奖，该公寓由两座高塔组成，较高塔为塔 1，56 层总高 180m；另一座塔为塔 2，共 50 层高 161m。两塔模板工程分两个部分：塔 1 地下层的模板工程采用铝门架支撑木工字梁和木胶合板的楼板模板，2 层开始使用铝工字梁的大模板和铝桁架飞模，之后采用以德国 Peri 公司制造的模板为主的模板技术，效率高。

铝工字梁铝桁架大模板由高强度的铝工字梁和铝背楞与木胶合板组合成大模板，模板面积大、质量较轻、组装快捷简便，可以最大限度的节省劳动力，提高施工效率，在北美加拿大高层建筑施工中广为使用。

【案例 1：上海某住宅小区工程项目】

1. 项目概况

本项目采用大量预制构件装配式施工，主要包括预制外墙模、预制阳台板、预制空调板、预制楼梯等 4 个方面。其中预制外墙模作为成品外墙饰面构件在结构阶段参与结构剪力墙，模板支设时仅需要支设内模板，节约一半的模板，而阳台板、空调板、楼梯等预制构件更是仅需要支撑体系，现场无需模板施工，节约木材消耗量（图 3.6～图 3.8）。

预制构件在工厂制作时，由于钢筋笼定型制作，制作完成后再用吊车整体吊入模具，钢筋断料统一制作，损耗比现场减少。预制构件在混凝土浇捣时，采用平面模块化浇捣，混凝土损耗量几乎没有，真正做到零损耗。

2. 钢材节约措施及实施效果

（1）钢筋连接采用电渣压力焊。采用竖向钢筋采用电渣压力焊接头，减少钢筋绑扎搭接的钢材损耗，节约钢材。

（2）模板体系优化。根据工程具体情况中采用组合木模板，通过合理分区、流水作业，提高周转使用率，减少损耗，在保证工程质量的前提下，模板周转使用，实际周转次数 4.62 次。

在结构模板施工方面，在采用定型模板系统的同时，加强模板使用的维护、整修，提高模板的周转使用率。此外，模板格栅方木在没有随意锯短的同时，将短木料接长后使用。

图 3.6　短木接长机　　　　　　　　　　图 3.7　短木接照片

3. 混凝土节约措施及实施效果

（1）仔细核对混凝土预算方量，做到数据精确。在混凝土浇捣方量计算时，向商品混凝土厂家订货时保留 $10m^3$ 左右的机动余地。

（2）充分利用余料，将其用于小构件，如墙过梁、门窗边墙体中预留的混凝土块、钢筋保护层垫块以及用于施工便道的修补。

图 3.8　小区正式道路基层施工

4. 施工现场废弃物管理

（1）工地现场废弃物

施工过程是一个劳动物化的过程，各种材料等通过人工和机械的作用形成建筑物实体，这过程必然会产生大量的施工废弃物。比如，削下来的木材边角料，混凝土水泥废渣等。施工阶段的废弃物按照来源可以分为建筑废弃物和生活废弃物。要实现低碳施工，废弃物的低碳处理很重要。

施工阶段涉及的专业、工序、材料种类较多，因而施工废弃物种类繁多，形式多样。表 3.12 总结了建筑废弃物的基本类型，罗列了多种可能的产生方式及其环节。

建筑废弃物基本类型　　　　　　　　　表 3.12

废弃物	示例
土石方	地基开挖产生的土方、石方
混凝土	洒落的混凝土、混凝土渣
砖、砌块	碎砖、饰面砖的边角料
水泥	设备安装产生的水泥砂浆、水泥块
水	地下水、雨水、管道试压用水、清洗和消毒用水、设备清洗的废水
金属	短钢筋头、废预应力筋、金属屑
油、油漆	设备安装时废弃的煤油、设备安装的油漆
沥青	屋面工程及防腐保温工程等产生的废沥青
木材料	废木方、废木模板
包装物	水泥袋、废灰桶、塑料泡沫、面砖包装盒、油漆桶
其他	塑料薄膜、废砂纸、电线管、废电池

按照废弃物的利用价值可以分为：可直接利用废弃物、可再生利用废弃物、没有利用价值废弃物（表 3.13）。

建筑废弃物分类　　　　　　　　　表 3.13

废弃物类型	示例
可直接利用	木材、保温材料、砂石等
可再生利用	大块废弃混凝土、木材边角料、废玻璃、废钢材等
没有利用价值	废电池、废管线等

按照废弃物有无危害分为：一般废弃物和危险废弃物（表 3.14）。

建筑废弃物分类　　　　　　　　　表 3.14

分类	回收利用情况	示例
一般废弃物	可回收利用	废钢材、废纸、废木材、废水泥袋等
	不可回收利用	废电池、废混合料等
危险废弃物	可处置	废油、棉纱、含油固体废物等
	需特殊处置	废旧日光灯管、废旧干电池、化学原料容器等

（2）建筑废弃物管理

施工过程产生的废弃物通常遵循"减量化、资源化、无害化"原则，充分利用材料，减少浪费→将建筑废弃物分类→收集可直接利用的废弃物，运用在以后的施工环节→将可再生利用废弃物运至指定加工场所→将没有利用价值废弃物分类运出施工场地。对此过程可以总结在图3.9中。

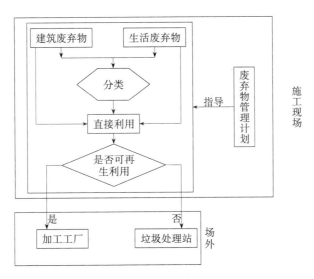

图 3.9 建筑废弃物管理流程

1）提高节材减废意识

现场人员的行为和态度直接影响着材料的合理使用水平和减废措施的执行效果。因此，应建立施工现场的建筑废弃物管理制度，制定明确的减废计划，选择合适的分包模式，加强对施工人员宣传教育，采用有效的激励措施，提高施工人员的节材减废意识。[38]

2）分类堆放，集中处理

对施工现场废弃物设置专门的储存场地并树立标牌，施工过程中做到工完场清，对不同类别的废料进行分类管理，不可再生垃圾集中运出现场且选择离施工现场最近的废弃物处理场所，从而降低运输碳排放。施工现场有毒、有害废弃物确保不遗洒、不混放。

3）回收再利用

---

38 《施工现场建筑废弃物减量化措施调查研究》李景茹，丁志坤，米旭明，王家远，朱姣兰.

制定可再生废料的回收管理办法，建设垃圾的处理状况表，如表 3.15 所示。对可回收废弃物的再次利用，特别是将其用于之后的施工过程，有助于提高材料循环利用率。例如，在施工中截掉的短钢筋可用于后期的构造柱植筋与砌体植筋；利用废弃模板来定做一些维护结构，如遮光棚、后浇带防护板，隔声板等；利用废弃的钢筋头制作楼板马凳筋，地锚拉环等；落地灰可重新过筛再利用，也可用作回填土或者现场场地硬化。

建设垃圾的处理状况[39]

表 3.15

种类	排出量	再生利用率（%）	中间处理后减少率（%）	最终处理率（%）
建筑废土	45041m³/a	27.6	——	72.4
建筑污泥	1441 万吨/a	7.9	12.6	79.5
混凝土块	2544 万吨/a	48.1	——	51.9
沥青混凝土块	1757 万吨/a	50.4	——	49.6
混合废弃物	946 万吨/a	13.9	17.0	69.0
小计	6688 万吨/a	35.2	19.7	59.7

【案例 1：上海市某建筑工程公司】

上海市某建筑工程公司曾在市中心的"××"和"××"两项工程的 7 幢高层建筑的施工过程中，将结构施工阶段产生的建筑垃圾，经分拣、剔除并把有用的废渣碎块粉碎后，与标准砂按 1∶1 的比例拌合作为细骨料，用于抹灰砂浆和砌筑砂浆，砂浆强度极高。此项试验共计回收利用建筑废渣 480t，与此同时，还节约大量的砂子材料费和垃圾清运费。[40]

【案例 2：贵州××项目】

贵州××项目在施工现场专设的空地上设置一台建筑固体废弃物破碎机，将大块的建筑废料和山上开采的石料破碎，混合水泥浆、细骨料等按照 C15 的强度标准配合比、搅拌、硬化成混凝土，放入 30cm×30cm 的砖模中，做成强度、防水要求不高的铺地砖，用于建筑施工过程中的道路铺设。

废料经破碎后也可以用于现场回填。对施工现场废弃物进行回收利用，不仅

---

39 《国外建筑垃圾利用现状及我国的差距》，李湘洲。

40 《建筑垃圾处理调研》2010-6-13。

可以减少相应材料的购买费用，并且可以减少由于材料场外运输而产生的碳排放。据了解，该破碎机一天可以破碎500m³的废料，可以使砌块废料的重新利用率达到80%，节约砌筑成本2.5%。

此外，该项目使用机械将施工中的边角木方余量重新压制拼接并投入使用，通过此项技术措施，木方余料回收率可达50%，节约木方成本4.5%。

（3）建筑垃圾资源化

建筑废弃物经过施工现场直接回收利用之后，将剩余的废弃物分类，把可再生利用废弃物运输到特定的加工处理厂加工制作，产生再生建筑材料，重新用到施工中，既实现建筑垃圾减量化、资源化，又节约天然资源，保护生态环境。

当前，发达国家建筑垃圾废弃物资源化再生利用已取得巨大进展。据有关资料显示，日本建筑垃圾资源化率达到98%，早在20世纪70年代就制定再生骨料和再生混凝土的应用指南。欧盟国家平均综合利用率超过70%。我国建筑垃圾资源化的运用初具规模，如利用建筑废弃物混合料作为复合地基散体桩材料。利用废弃混凝土和废弃砖石制成的粗细骨料，可用于生产相应强度等级的混凝土、砂浆或制备诸如砌块、墙板、地砖等建材制品。

（4）生活废弃物减量管理

施工现场人员的生活废弃物通常可分为可回收废弃物、厨余废弃物和其他废弃物三大类：

1）可回收废弃物：塑料类，主要有各种塑料袋、塑料包装物、一次性塑料餐盒和矿泉水瓶等；金属类，主要包括易拉罐、罐头盒、牙膏皮等；另外还有纸箱、玻璃制品等；

2）厨余废弃物：剩菜剩饭、骨头、菜根菜叶等食品类废物；

3）其他废弃物：卫生间废纸、纸巾等难以回收的废弃物。

要注意生活废弃物应与建筑废弃物分开放置，不能混放；垃圾桶分可回收利用与不可回收利用两类，定位摆放，定期清运；现场办公用纸分类摆放，纸张两面使用，废纸回收。

（5）运出施工现场

对剩余的没有利用价值的建筑废弃物，应采取积极措施，使用低能耗低碳排的运输车辆，将其运出施工现场。

中国香港的香港理工大学专上学院红磡校园是当地首次采用全预制式结构组件技术建筑的高层公共建筑，可以有效地评估材料耗用量，采用金属工地围板，减少使用木模板，采用钢筋混凝土清水饰面外墙，减少外墙施工过程中产生的废弃物。

在工地分解建筑废料及拆卸废弃物后，采用"运载记录制度"，在当地规定的区域处理建筑废料。运载记录制度以制度化的方式，记录运输车辆的行程，确保货车有秩序地把建筑废弃物运往适当的处理地点。承办商在移运建筑废物之前，须填写标准的运载记录表格，列明运输车辆的数据、运载的货物（废物类别及大约的数量）及目的地。不仅减少废弃物的数量，而且有效控制了在废物运输过程中产生的碳排放。

3.4 低碳建造中的运输管理

1. 低碳运输管控相对被动

交通运输是低碳建造重要的组成部分。解决建筑生产过程中的交通运输碳排放问题，要求建筑业人士积极联系交通部门，采取综合措施，多管齐下，方得始终。我国交通运输部发布《加快推进绿色循环低碳交通运输发展指导意见》，提出"将生态文明建设融入交通运输发展的各方面和全过程"的新理念，以"加快推进绿色循环低碳交通基础设施建设、节能环保运输装备应用、集约高效运输组织体系建设、科技创新与信息化建设、行业监管能力提升"为主要任务，以"试点示范和专项行动"为主要推进方式，实现交通运输绿色发展、循环发展、低碳发展，到2020年基本建成绿色循环低碳交通运输体系。[41]

低碳运输是在低碳经济背景下，针对目前运输对环境的影响，从可持续发展和保护人类生存环境角度出发，用技术创新、绿色技术等手段和先进的管理理念，实现运输效率提升、运输用能结构优化、运输组织管理等方法，减少运输碳排放量，实现低碳运输目标。

场外运输是不可忽视的碳排放内容。然而，施工场外运输具有运输物品多、

---

[41] 宿凤鸣. 低碳交通的概念和实现途径［J］. 综合运输. 2010，（5）：13-17.

易洒落，运输车辆载重大，车辆长期频繁使用，性能易下降等原因而使得施工运输碳排放量大。由于企业成本等原因通常将施工工期排得很紧，对施工运输车辆通行时间及路线的管制，运输任务包干到个人，彼此竞争十分激烈。一个工地往往可以看到隶属不同公司的运输工具，增加现场运输管理协调的难度。这些外在因素，导致建筑施工运输低碳化难以实现。

2. 运输碳排放管控关键在计量

近年来，我国交通运输能源消耗增长迅速，已成为除工业和生活消费之外的第三大能耗产业，由运输产生的碳排放量也在逐年增加。据有关统计，2010 年货运交通二氧化碳排放量 7.75 亿 t，相比于 1985 年增长 12.2 倍，其中最显著的是公路运输，其二氧化碳排放量增加 22.6 倍，比重由 49.0%增加到 87.4%；铁路运输二氧化碳排放量的比重从 1985 年的 23.2%减少到 2010 年的 3.0%；水运和航空运输二氧化碳排放量的比重变化不大。[42]

施工场外运输以公路运输为主，碳排放的来源主要为矿物燃料（石油、煤和天然气）的燃烧，场外运输不可避免地成为交通运输业能耗和碳排放的主力军，是低碳建造管理的重点。

施工运输产生的碳排放主要来自于运输工具的能源消耗。由于运输过程碳排放量不易测量，因此可计算出运输阶段消耗的能源乘以能源的碳排放因子得出碳排放量。可见，在运输阶段对碳排放的控制可以转化为减少运输工具的能源使用量。

3. 场外低碳运输的针对性和复合性

（1）透视场外运输碳排放影响因素

影响施工现场以外运输碳排放的因素多，主要包括：

1）运输工具的特性。主要指运输工具本身的物理特性和运行特性，如车辆运行速度、运行能耗等。我国公路运输多采用国产车辆作为运输工具，与发达国家相比，国产大型运输车辆性能普遍落后，能源消耗水平较高。相同或相似车型的运输车辆，在载重相当的情况下，我国汽车每百公里平均油耗比发达国家高 20%以上，载货汽车百吨公里油耗比国外水平高一倍以上。运输工具的特性严重影响能源的使用量，故对建筑生产运输碳排放的影响很大。

---

[42]王淼．我国交通运输部门低碳发展模式研究［D］．大连理工大学，2012.

2）运输效率。我国公路运输市场经营主体数量过多、规模过小，缺少带动行业技术进步的区域或全国性的大型运输企业或集团，并且运输生产组织化程度低，货运基本处于单车单放状态，运输信息不畅、车辆空驶现象严重，运输效率低下，直接导致运输车辆的里程利用率不高。

3）运输距离。运输距离直接影响着能源的消耗，运输距离越长，总耗油量越高，因能源消耗产生的碳排放量越大。

4）道路条件。平坦疏通的道路情况可以保证运输车辆按一般时速行驶且避免由颠簸引起的物品撒落，有效减少运输车辆的能源消耗。目前，我国高速公路的平均时速可达到 80～100km，车辆的油耗要比普通公路节约 20% 以上。

（2）复合场外低碳运输管理措施

1）合理选择和联合多种交通运输方式

优秀的项目经理通常会采取复合一贯的运输方式，构建完善的综合运输体系，优化运输路线和运输方式，降低运输成本，使能耗、环境污染达到最小。

场外运输可远可近，有些场外运输是城市间的运输，或者是跨区域、跨国界的。有数据表明，在等量运输条件下，铁路、公路和航空的能耗比为 1:9.3:18.6，铁路二氧化碳排放量是公路运输的 1/2，是短途航空运输的 1/4。[43] 因此，施工场外运输适当提高单位能耗较低的铁路运输方式的比重，可以有效地减少二氧化碳排放，如货运交通每减少 1% 的公路运输，可以减少二氧化碳排放量 21.2Mt。

2）采用新能源代替化石燃料能源

由于能源的碳排放因子不同，因此，消耗同等数量的不同能源，其碳排放量也是不同的。寻找新型能源代替碳排放量较高的化石能源，已成为减少交通运输业碳排放量的重要途径之一。目前，已有生物柴油直接用于传统机动车，其排放的二氧化碳比传统柴油少 40%～60%。另外，混合动力汽车也可以有效利用电力减少二氧化碳排放。

混合动力汽车有两套动力系统，储能系统通过吸收汽车制动能并释放能量，使发动机在最佳经济区域内工作，能使汽车的燃料消耗降低 10%～50%。除此

---

43 解晓玲. 公路运输行业减碳路径分析 [J]. 综合运输，2011，01 期（01）：56-60.

之外，可以使用乙醇作为汽油的替代燃料。木质纤维乙醇的二氧化碳排放量比汽油少 70％ 以上，其成本约为 1 美元/L 汽油当量，约是汽油的 2 倍，但是未来随着大规模生产，其成本可望大幅度下降，达到 0.45～0.5 美元/L 汽油当量，是极具潜力的替代能源。

3）选择能耗低的运输工具

鼓励现场应使用能耗低、性能好、排放少的节能环保型车辆，淘汰高能耗、污染重的老旧车辆，提高运输工具的效能。同时避免使用带病车辆，注意车辆的保养和维护，带病车辆比正常技术状况的车辆能耗高出 5％～30％。

4）加强技术创新

对车型、零部件、传动系统进行技术改造，使其尽可能降低各种阻力、减少燃料消耗成本。推广应用自重轻、载重量大的运输设备。研究表明，车辆自重减轻 10％，燃油消耗量降低 8％；车辆载重每增加 1t，能耗可降低 6％。

5）就近取材

比如，可以要求总重量 70％ 以上的建筑材料采用施工现场 500 km 以内生产的建材，减少施工材料运输距离。缩短运输距离可大幅度减少运输过程二氧化碳排放。以普通载重运输车辆为例，其耗油量约为 13L/100 km，柴油的二氧化碳排放系数为 76060 g/GJ，每减少百公里运输可实现 40.586 kg 的碳减排量。

6）路径优化

一般认为，路径最短的路线一定是能耗最小的路线。然而，事实并非如此。与传统基于路径最短的车辆路径对比，基于二氧化碳排放的车辆路径优化结果总行驶里程较长，但综合成本较低，这意味着低碳运输的路径优化需要结合运输的距离、成本、碳排放等多个目标。

7）专业运输公司承包

由于施工场外低碳运输外部性非常明显，在政策制定和管理约束方面难度很大，按照低碳建造基本原理，专业运输公司应建立低碳运输制度，实现运输服务低碳化。

4. 场内低碳运输看现场管理水平

施工现场内运输相对好界定，指的是材料及物资运输、建筑垃圾和废弃物运输等在现场内进行的运输活动。场内运输距离短，运输活动路径选择有限，且一般情况下运输道路不太平坦，场内人员活动频繁限制车辆速度，这些因素都会影响施工场内运输的效率和耗油量而增加碳排放。

要降低场内运输碳排放，施工企业要提高现场管理水平。为此，合理布置施工现场平面至关重要，如狭长地块和市中心小地块的场内运输空间有限，飞地地块的运输路线整合规划，都对合理布局场内运输路线提出挑战。此外，施工现场内建材、设备、建筑垃圾堆放地点规划不合理，导致二次运输，增加运输碳排放。

根据场内运输特点，可以提出一些场内低碳运输的措施：

（1）现场道路要按照施工现场平面布置图进行硬化处理，便于场内各种车辆的通行，保持路面干净整洁，避免车辆在运输途中由于路面问题而产生颠簸、绕弯等现象而增加碳排放。

（2）运输车辆严禁超载、超量运输。超载超量运输不仅使车辆在非正常工作效率下工作，增加车辆碳排放量，同时也会对施工现场道路造成破坏。

（3）运输土方、渣土、垃圾等物质的车辆必须采用密封运输。运输水泥和其他易飞扬物及细颗粒散体材料时车辆应覆盖严密或使用封闭车厢，防止遗洒和飞扬。

（4）编制低碳运输策划书。将每一环节的运输车辆列入策划之内，对现场平面布置图进行严格审查，合理安排场内运输路径，以现代化技术布置材料堆放与安置地点尽可能减少运输距离。

（5）场内运输车辆尽量保持匀速行驶，避开不平坦和正在施工的道路，减少颠簸和"忽停忽行"引起的车辆能源消耗量增加，从而减少碳排放量。

（6）雇佣技术娴熟的驾驶员驾驶运输车辆。研究表明，不同操作水平的驾驶员驾驶车辆油耗相差达 7%～25%。另外，要求驾驶员对场内环境充分了解，当遇到紧急情况时可以及时选择最合适的道路改道行驶。

5. 低碳运输还需要有效的企业管理措施

建筑工业化是建筑业走向成熟和可持续发展的必要举措，是推进绿色建筑，实现低碳建造和低碳建筑环境的有效途径。建筑工业化采用工业化的生产方式建造房屋，包括楼梯、墙板、阳台、浴室等建筑部品构件，均可在工厂流水生产线上大规模定制。在施工现场，将这些建筑部品像"搭积木"一样拼装组建。在建筑工业化背景下，低碳运输是实现建筑工业化的有效保障，落实低碳运输管理对企业具有重要的战略意义。施工企业对施工运输的管理模式与管理水平对低碳运输的实施有直接的影响，企业只有在低碳理念下，制定相应管理制度，加强企业内部低碳建设，才能是企业在正确的管理与领导下实现低碳运输效益。

（1）建立健全低碳施工运输体系

将建筑生产过程中的低碳理念贯穿于运输的总体方案中，将碳排放、施工工期、成本等因素纳入考虑范围，充分规划各种现场的运输总体方案。

（2）重视节能减排

"节能"和"减排"都是交通运输低碳化的重要途径，既要重视"节能"，也要把"减排"上升到应用的高度。在节能方面，对车型、零部件、传动系统进行技术改造，使其尽可能降低各种阻力、减少燃料消耗。减排主要在于运输工具的尾气排放，提高清洁能源型汽车运输能力。

（3）采取综合手段

低碳化的手段是多样的，既包含技术性减碳（如节能环保技术应用），也包括结构性减碳（如通过优化网络结构、运输结构等提高能效），还包括制度性减碳。此外，在目前的行业分工体系下，要实现低碳运输其实很困难，探索通过合约管理来实现低碳运输管理也是有必要的。

（4）加强低碳运输人才培养

首先，加强对员工低碳运输的培养，提升员工的低碳意识；其次，建立对汽车驾驶员的培训、教育及绩效管理体系，能有效地降低车辆燃料消耗和运输成本，同时确保运输安全，减少运输中的各种损失；谨慎驾驶还可减少车辆维修、损坏以及保养的费用，降低额外能源消耗和减少碳排量。

【案例1：印象钢谷】

上海低碳办公示范区——"印象钢谷"，其主要建筑材料为具有很强再循环性的钢材，且在宝钢就地取材节省了运输所产生的碳排放。素混凝土、钢、玻璃是占据"印象钢谷"建筑最多的三大元素，对于建筑材料的选用上，开发商都选择了路径在8km范围内的供应商，缩短运输路程，尽可能做到减排。"印象钢谷"的立面是素面朝天的混凝土。选择素混凝土，节省了一次性瓷砖贴面、花岗石大理石和粉刷层，避免了开采石材时对大自然造成的人为破坏；水泥就地取材和搅拌成混凝土成品，也减少了在运输过程中对能源造成的浪费；而对素混凝土的施工工艺流程进行优化和技术改进后，原本只有单一结构功能的素混凝土，被辅以装饰效果，令人耳目一新。

【案例 2：嘉里建设广场】

嘉里建设广场 Ⅱ 期位于深圳中轴线上的 CBD 中央公园西侧，该项目获得美国 LEED 金级预认证，成为区内的绿色建筑代表。项目在施工期间，主要的建筑材料全部在深圳周边 800km 范围内采购，大量减少由于长途运输所导致的材料损耗、能源消耗和环境污染，也节省了采购成本。

3.5 低碳建筑技术

低碳建筑技术是发展低碳建筑的重要工具。我国在低碳建筑技术发展与应用方面已取得显著的进步，很多低碳建筑技术已经被应用到公共建筑、商业建筑和民用住宅建筑中。比较典型的有：清华大学节能示范楼采用自然通风、采光设计，外墙保温技术，可再生能源利用等低碳建筑技术；北京国奥村项目采用再生水热泵冷热源系统、集中式太阳能生活热水系统、景观花房生物污水处理系统、外围护结构保温系统、LED 建筑发光系统等低碳建筑技术；上海朗润园采用雨水收集利用、透水路面、中水回用、住宅工厂化、综合外墙保温、屋顶绿化、自平衡式通风系统、太阳能集中供热系统等低碳建筑技术。

近年来，我国掌握了一些核心低碳建筑技术，部分技术甚至达到世界先进水平。我们应该借鉴其他国家的成功经验，在不增加成本的前提下合理运用低碳建筑技术，推进低碳建筑发展，实现建筑低碳化。

1. 资源利用与环境保护技术相融合

比如，新型结构体系、维护结构体系、室内环境污染防治与改善技术、废弃物收集处理与回用技术、计算机模拟分析、太阳能利用与建筑一体化技术、分质供水技术与成套设备、污水收集、处理与回用成套技术、节水器具与设施等。充分利用可再生能源和可回收循环利用资源，如太阳能、生物质能、地源热泵、风能、潮汐能，可回收利用低碳建材、模板、施工用水等。

2. 加强信息技术应用

由于产品不标准、复杂程度高、数据量大、项目团队临时组建，低碳施工管理信息获取和传递比较困难。信息技术应用，可以改善整个施工建造过程，实现类似于制造业的精细化施工，减少资源能源消耗和碳排放，提高建筑业生产效率。

信息技术在很多方面为低碳建造提供技术支撑，如设计软件辅助设计、BIM技术、OA、电子商务、企业项目门户、ERP等。其中，BIM技术为解决项目管理两项根本性难题，即工程海量数据的创建、管理、共享和项目协同带来很好的技术支撑。利用BIM技术，现场管理人员可以随时、快速、普遍访问到最新、最可靠、准确的4D关联数据。

低碳施工的虚拟现实技术，三维建筑模型的工程量自动统计，低碳施工组织设计数据库建立与应用系统，数字化工地，基于电子商务的建筑工程材料、设备与物流管理系统等，通过应用信息技术进行精密规划、设计，精心建造和优化集成，实现低碳建造。

3. 以智能技术为支撑

发展节能节水系统与产品，利用可再生能源的智能系统与产品、室内环境综合控制系统与产品等，采用综合智能采光控制，地热与协同控制，外遮阳自动控制，能源消耗与水资源消耗自动统计与管理，空调与新风综合控制，中水雨水利用综合控制等技术。这些技术有的仍然在研究探索中，有的已经在建筑施工中被广泛采用，目前广泛使用的技术主要有：

（1）变频技术

变频技术在工程机械中的应用日益频繁，变频器和电动机不仅可以作为辅助的传动系统提供所需要的动力，而且可以用来回收车辆制动过程中的能量，以便为车辆的驱动或加速提供动力，更好地提高能源利用率，减少发动机碳排放，提高使用性能并实现节能减排。

（2）挖掘机液压系统节能技术

土方工程中约有65%～70%的土方量由挖掘机完成，传统挖掘机效率仅为30%左右，且由于负载剧烈波动，发动机工作点经常偏离最佳燃油效率区，发动机效率只有20%左右，从而导致油耗和尾气排放增加。[44]哈尔滨工业大学流体传动实验室提出了一种基于CPR网络的液压混合动力挖掘机

44姜继海，张翼鹏．挖掘机液压系统节能技术［J］．建设机械技术与管理，2013，第7期（07）：102-106.

配置方法，它可以明显提高挖掘机液压系统的燃油效率，提高动力性能，降低油耗，减少碳排放。

（3）施工过程中的水回收利用技术

施工过程中的水回收利用技术主要包含三项：一是利用自渗效果将上层滞水引渗至下层潜水层中，使大部分水资源重新回灌至地下；二是收集雨水，集中存放，用于生活用水，经过处理或水质达到要求的水可用做结构养护用水、基坑支护用水；三是将施工生产、生活废水经过过滤、沉淀等处理后循环利用。

（4）预制混凝土装配整体式结构施工技术

预制混凝土装配整体式结构施工指采用工业化生产方式，将工厂生产的主体构配件（梁、板、柱、墙以及楼梯、阳台等）运到现场，使用起重机械将构配件吊装到设计指定位置，再用预留插筋孔压力注浆、键槽后浇混凝土或后浇叠合层混凝土等方式将构配件及节点连成整体的施工方法。该技术具有建造速度快、质量易于控制、节省材料、降低工程造价、构件外观质量好、耐久性好以及减少现场湿作业，低碳环保等诸多优点。

（5）太阳能与建筑一体化技术

"建筑太阳能一体化"是指在建筑规划设计之初，利用屋面构架、建筑屋面、阳台、外墙及遮阳等，将太阳能利用纳入设计范围，使之成为建筑的一个有机组成部分。"太阳能与建筑一体化"分为太阳能与建筑光热一体化以及太阳能与建筑光电一体化。太阳能与建筑光热一体化是将太阳能转化为热能的利用技术，建筑上直接利用方式有：

1）用太阳能空气集热器进行供暖；

2）利用太阳能热水器提供生活热水；

3）基于集热-储热原理的间接加热式被动太阳房；

4）利用太阳能加热空气产生的热压，增强建筑通风。

太阳能与建筑光电一体化是指利用太阳能电池将白天的太阳能转化为电能由蓄电池储存起来，晚上在放电控制器的控制下释放出来，供室内照明和其他需要。这项技术可以充分利用清洁无污染的太阳能，减少其他能源物质使用，减少碳排放，促进建筑施工可持续发展。

（6）建筑外遮阳技术

将遮阳产品安装在建筑外窗、透明幕墙和采光顶外侧、内侧和中间等位置，以遮蔽太阳辐射。夏季，阻止太阳辐射热从玻璃窗进入室内；冬季，阻止室内热量从玻璃窗逸出。因此，设置适合的遮阳设施，节约建筑运行能耗，可以节约空调用电 25% 左右，节约建筑采暖用能 10% 左右，使外窗保温性能提高约一倍。

3.6 低碳施工信息管理

低碳施工涉及多种信息（设计信息、招投标信息、施工准备信息、造价信息、施工管理信息、低碳技术信息等），有效利用信息有助于提高施工生产效率，实现施工低碳化。事实上，施工信息管理是项目管理的重要内容，有效的施工信息管理对施工活动低碳化起到保驾护航的作用。

1. 充分利用监控信息化手段和工具

施工企业对低碳信息的重视和利用度不够，低碳信息技术发展面临的社会阻力重重。建筑信息模型（BIM）是以建筑工程项目的各项相关数据信息作为模型基础，建立建筑模型，通过数字信息仿真模拟建筑物所的真实信息，将纸质化信息转换为数字化信息，将平面图形立体化，达到真实的建筑效果。通过BIM，企业不仅可以建立直观建筑模型，而且可以模拟真实建造过程及建造完成后的运营过程。

在国外，BIM 技术已得到广泛应用并取得可观成效。我国《建筑业信息化发展纲要》（2011～2015）指出："十二五"期间基本实现建筑企业信息系统的普及应用，加快建筑信息模型（BIM）、基于网络的协同工作等新技术在工程中的应用，推动信息化标准建设。"

BIM 具有庞大的技术体系，它不是由一个简单的建模软件组成，而是包含十多项相关软件，每一个软件有其独特的功能与特征。

BIM 相关软件

表 3.16

软件类型	用途
核心建模软件	创建 BIM 模型
方案设计软件	
几何造型软件	
可持续分析软件	分析项目日照、风环境、热工、景观可视度、噪声等
机电分析软件	水、暖、电等设备和电气分析

续表

软件类型	用途
结构分析软件	可以使用 BIM 核心建模软件的信息进行结构分析
可视化软件	产生可视化效果
模型检查软件	用来检查模型本身的质量和完整性,检查设计是否符合业主的要求,是否符合规范的要求
深化设计软件	使用 BIM 核心建模软件的数据,对钢结构进行面向加工、安装的详细设计,生成钢结构施工图、材料表、数控机床加工代码等
综合碰撞检测软件	集成各种三维软件创建的模型,进行 3D 协调、4D 计划、可视化、动态模拟等
造价管理软件	利用 BIM 模型提供的信息进行工程量统计和造价分析
二维绘图软件	施工图生产工具
审核软件	把 BIM 的成果发布成静态的、轻型的、包含大部分智能信息的、不能编辑修改但可以标注审核意见的、更多人可以访问的格式

BIM 的应用见图 3.10。

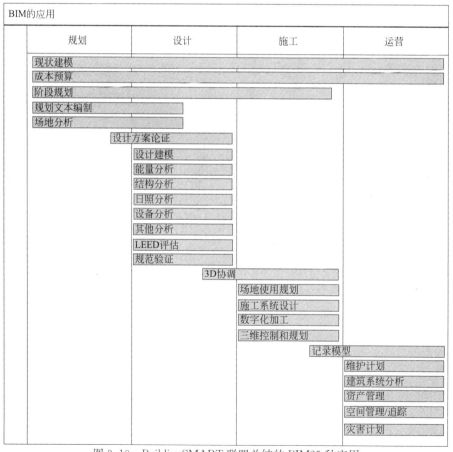

图 3.10   BuildingSMART 联盟总结的 BIM25 种应用

BIM 应用于建筑全寿命周期，对建筑能耗和碳排放进行监控。在设计阶段，可通过软件建立建筑三维模型，得到相关材料、机械设备工程量，在此基础上直接输入材料运输方式及运距、能源消耗以及其他基础信息，生成碳排放信息明细表，以建立的模型导入绿色分析软件 Ecotect Analysis 中，进行模拟分析可得出该建筑模型中涉及的碳排放。计算理论情况下完成整个建筑所消耗的能源以及在此基础上的碳排放，理论数据作为施工过程碳排放监控的基础，以便对比和纠偏。在施工阶段，使用 BIM 模型可以将施工过程中工作人员收集的数据输入，计算出实际能耗和碳排放，监测碳排放是否偏离预测值并加以控制（图 3.11）。

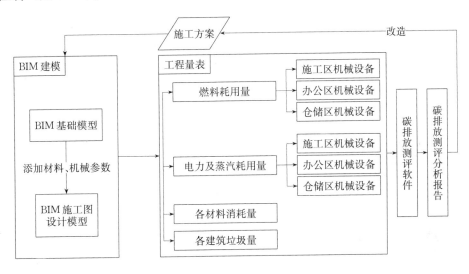

图 3.11　基于 BIM 技术的建筑施工碳排放测算模型

2. 建立碳排计算模型

根据建筑碳排放活动单元过程的特点与控碳需求，可采用建筑全寿命周期碳足迹追踪的方法学，提出建筑碳排放数据采集、核算、发布的标准化计量方法，规范新建、改建和扩建建筑及既有建筑的全寿命周期各阶段由于消耗能源、资源和材料所排放的二氧化碳碳排放计量，做到方法科学、数据可靠、流程清晰、操作简便。建筑碳排放计算涵盖材料生产、施工建造、运行维护、拆解直至回收的全寿命周期过程，为科学、准确地计算低碳施工阶段碳排放，有必要建立计算模型。

（1）以碳元素为基础的碳排放

承前述，在施工阶段，碳元素作为必需的物质输入，蕴藏在材料、能源、水等物质中。施工阶段将材料中大部分碳元素组织成为有用实体如建筑物、构筑物、公路等，剩余材料中的碳元素最终包含在废弃物中被运出施工现场。能源提供动力，燃烧后以气体形式排入大气，也可能会遗留些许残渣。水本身不包含碳元素，但是作为市政用水，在市政水处理和运输中会排放大量二氧化碳、甲烷等含碳气体。总之，以碳元素为基础，碳排放即为最终输出施工现场的碳，可以分为气体排放、废弃物固体排放和废弃液体排放。

由质量守恒原理可以推出，输入施工现场的碳元素量等于形成的有用实体中的碳元素与输出量的总和，即 $C_{输入} = C_{有用} + C_{输出}$。为了准确计算以碳元素为基础的碳排放，应该充分考虑施工现场输出物质的数量，通过控制输出物质的数量以达到减少施工碳排放目的。

可以采用列表的方法，计量含碳物质的输入、使用和输出，如表 3.17 所示。

施工现场物质计量表 表 3.17

分类	序号	名称	输入量 C1	使用量 C2	剩余形式	输出量 C3
材料	1	木材			固体废弃物	
	2	钢筋			固体废料	
	3	混凝土			固体废渣	
	……					
能源	1	汽油			废气	二氧化碳
						CO
						……
	2	柴油			废气	二氧化碳
						CO
						……
	……					

对于施工材料，碳输入量在材料入场时均需做入场登记记录，最终的碳输出量可以采用称量废弃固体的方法得出。固体废弃物通过运输工具运出施工现场，无论填埋还是由垃圾处理站处置都将产生含碳气体。虽然废弃物并没有使施工阶段含碳气体排放量增加，但是其数量必定很大程度上影响其他阶段或部门含碳气体排放量，因此，可以将固体废弃物作为施工阶段碳排放

的一种形式。

能源最终多以气体的形式排放碳，包括二氧化碳、碳氢化物、CO 等。其中数量最多的为二氧化碳。减少施工阶段能源使用量是减少含碳气体排放量的有力措施。

（2）以二氧化碳为基础的碳排放计算模型

根据施工中所涉及种种因素，将碳排放来源分为四大类，分别是运输碳排放（I_{ct}）、机械设备碳排放（I_{ce}）、辅助设施碳排放（I_{cs}）以及废弃物处理碳排放（I_{cr}）（图 3.12）。其中材料和机械设备在运输和使用过程中产生大部分碳排，是重点计算对象。辅助设施碳排放相对于前面两个部分来讲所占比例较少，实际碳排放可由辅助设备的燃料能源和电能使用量间接计算。

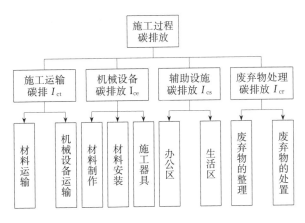

图 3.12　施工过程碳排放的分类

1）在材料、机械设备的运输过程中都会产生碳排放。运输过程碳排放主要是运输工具能源消耗，涉及运输工具种类、运输距离、运输载重、燃料动力源（汽油、柴油等）以及运输工具能耗强度（单位运输量单位距离的耗能量），因此，由运输产生的碳排放量计算公式表示为：

$$I_{ct} = \sum im_i L_i W_{jk} \lambda_k$$

其中，I_{ct} 表示运输碳排放；m_i 表示第 i 种物品运输载重；L_i 表示第 i 种物品运输距离；W_{jk} 表示选用 j 交通工具、k 表示燃料动力源能耗强度；λ_k 表示 k 燃料碳排因子。

2）材料制作、安装以及机械设备使用可以简化，作为一个方面进行计算，因为材料制作和安装过程中主要碳排放来自于制作和安装材料时使用的机械设备，其他情况产生的碳排只占很小一部分，可忽略不计。施工机械碳排主要与施工机械功率、单位时间或者单位产量耗油（柴油、汽油）耗电量、设备动力源类型以及机械运行时间等有关。

$$I_{ce}=\sum k(\lambda_{ki}\sum iN_{ik}\times E_{ik}/n_{ik})$$

其中，E_{ik} 表示使用动力源 k 的机械 i 的台班能耗量；n_{ik} 表示使用动力源 k 的机械 i 的台班产量；N_{ik} 表示该工序的工作总量；λ_k 表示燃料（柴油、汽油、电能）的排碳因子。

3）辅助设施碳排放按区域不同分为办公区碳排放以及生活区碳排放。办公区会使用大量办公设备如电脑、复印机打印机等，还有照明工具和采暖制冷空调，在这个区域内碳排放大部分来自于电能能耗；生活区则是施工人员及其他工作人员休息的地方，除了照明工具和空调碳排，还有做饭烧水等炊事活动使用天然气或煤等燃料而产生的碳排放，见图 3.13。

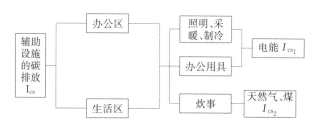

图 3.13　辅助设施的碳排放分类

可见，辅助设施碳排放简化起来只需计算在以上三个区域内所使用的所有电能产生的碳排放 I_{cs_1}，以及天然气和煤燃烧产生的碳排放 I_{cs_2}。计算公式可以表示为：

$$I_{cs}=I_{cs_1}+I_{cs_2}$$

$$I_{cs_1}=\lambda(E_1+E_2)$$

$$I_{cs_2}=\lambda_1 G+\lambda_2 C$$

其中，λ 表示电能的碳排因子；E_1、E_2 分别表示办公区和生活区电能使用量；G 表示天然气使用量；C 表示煤使用量；λ_1、λ_2 分别表示天然气和煤的碳排因子。

4）施工过程中产生的废弃物一般可以分为生活废弃物和建筑废弃物。在进行废弃物处理时，要将二者分开分类处理。在该阶段碳排放来源有两种：一是废弃物整理，具体表现为使用人工或者机械进行垃圾清理和分装；另一是废弃物处置，具体表现为外运、焚烧和填埋，见图 3.14。

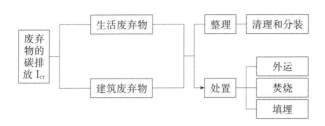

图 3.14　废弃物碳排放的分类

施工过程中产生的生活垃圾一般由人工进行整理，这里无需计算碳排放。建筑废弃物的整理一般是人工和机械相结合，需要使用相关机械器具将废弃物分装，可以循环利用的物品经机械运输到集中分类堆放中心进行存放，等待下次循环使用，没有利用价值的物品直接运出施工现场。此阶段产生的碳排放与运输工具的能源消耗有关。主要涉及运输工具种类、运输距离、运输载重、燃料动力源（汽油、柴油等）以及运输工具的能耗强度（单位运输量单位距离的耗能量）有关，计算公式与运输碳排放计算公式相同，这里不再赘述。从保护环境的方面来考虑，现场进行垃圾焚烧和填埋会在一定程度造成空气污染，同时可能致使工作人员吸入有害气体影响身体健康，因此燃烧和填埋方式不建议在施工场地内使用，这里不再计算由这两种方式产生的碳排放。

综上，施工过程中总的碳排放可以表示为：

$$I_c = I_{ct} + I_{ce} + I_{cs} + I_{cr}$$

3. BIM 在施工材料管理中的应用

传统材料管理模式是企业或者项目部按照施工现场实际情况，依靠施工现场的材料员、保管员、施工员反馈的信息来制定相应的材料管理制度和流程。施工现场情况的多样性、复杂性以及信息量的庞大性，决定了施工现场材料管理具有周期长、种类繁多、保管方式复杂等特殊性。因此，施工材料的现场管理急需建立 BIM 模型，进行系统化的管理。

（1）施工材料 BIM 模型数据建立

在拿到各专业施工图纸后，项目经理和专业 BIM 工程师一般会对项目的土建工程、安装工程、装饰装修工程等进行三维建模，在将分散在各专业的工程信息模型汇总为一个项目级的基础数据的目标下，将各专业模型加以组合，最终形成以 BIM 建筑模型和全过程造价数据为基础的施工材料 BIM 模型数据库，如图

3.15 所示。

图 3.15 施工材料 BIM 模型数据库建立与应用流程

项目部所有岗位人员和企业内部不同部门均可进行数据查询和分析，为材料管理和决策提供数据支撑，数据库的运用构成如图 3.16 所示。

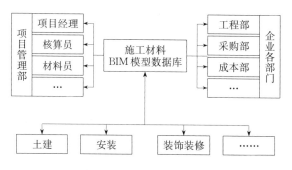

图 3.16 数据库的构成

（2）基于 BIM 的材料分类控制

合理的材料分类是材料管理的一项重要基础工作，施工材料 BIM 模型数据库的最大优势是包含材料的全部属性信息。在进行数据建模时，各专业建模人员对施工所使用的各种材料属性，按其需用量的大小、占用资金多少及重要程度进行"星级"分类，以便科学合理地控制材料使用。

根据工程材料的特点，对需用量大、占用资金多、专用或备料难度大的材料，建模时属性定义为"三星类材料"，必须严格按照设计施工图及 BIM 建筑模型，逐项进行认真仔细的审核，做到规格、型号、数量完全准确。对通用主材定义为"二星类材料"，可以根据 BIM 模型提供的数据，精确控制材料及使用数量。对资金占用少、需用量小、比较次要的辅助材料定义为"一星类材料"，可采用一般常规的计算公式及预算定额确定需用量。

（3）BIM 三维模型基础上的用料交底

BIM 与传统 CAD 相比，具有可视化的显著特点。土建、安装、装饰装修等专业三维建模并碰撞检测后，BIM 项目经理组织各专业 BIM 项目工程师进行综合优化，提前消除施工过程中各专业之间可能遇到的交叉碰撞。项目核算员、材料员、施工员等管理人员应熟读施工图纸、透彻理解 BIM 三维模型、吃透设计思想，并按施工规范要求向施工班组进行技术交底，将 BIM 模型中的用料意图灌输给班组。用 BIM 三维图、CAD 图纸或者表格下料单等书面形式做好用料交底，防止"长料短用、整料零用"，做到物尽其用，减少浪费及边角料，把材料消耗降到最低限度。

（4）运用 BIM 模型限额发料

施工材料精细化管理一直是项目管理的难题，施工现场材料的浪费、积压等现象司空见惯，运用 BIM 模型，结合施工程序及工程形象进度周密安排材料采购计划，不仅能保证工期与施工的连续性，而且能用好用活流动资金、降低库存、减少材料二次搬运。同时，材料员根据工程实际进度，方便的提取施工各阶段材料用量。在施工任务书中，附上完成该项施工任务的限额领料单，作为材料发放部门的控制依据。实行对各班组限额发料，防止错发、多发、漏发等无计划用料，从源头上做到材料的"有的放矢"，减少施工班组对材料的浪费。

（5）及时、完整地办理签证及变更手续

工程设计变更和增加签证等情况在项目施工中经常发生。工程变更不及时，会造成材料积压。BIM 模型在动态维护工程中，可以及时将变更图纸进行三维建模，将变更发生的材料、人工等费用准确、及时地计算出来，便于办理变更签证手续，保证工程变更签证的有效性。项目经理部在接收工程变更通知书后，执行前，应有因变更造成材料积压的处理意见，原则上要求由业主收购，否则，如果处理不当就会造成材料积压，无端地增加材料成本。

3.7　低碳施工绩效评价

承包商与业主有必要建立低碳施工评价体系，对低碳施工技术在建筑工程中的应用进行综合评判，以明确低碳施工成效和责任，检验低碳施工的落实情况，建立低碳施工的决策支持系统。其次，以低碳施工应用示范工程为切入点，建立完善激励机制。

类似于绿色建筑和生态建筑评价体系的构建，要结合可持续发展原理建立低碳施工评价体系，需要建立评价指标体系与评价标准，要找出与可持续发展密切相关的因素，明确哪些因素需在低碳施工过程中予以监督和评价，哪些因素需在招投标文件及工程合同中予以要求。根据低碳施工发展现状，选择评价指标和评价模型，通过低碳施工评价，最终建立低碳施工的决策支持系统。

推行低碳施工应用示范工程能够以点带面，发挥典型示范作用。引导低碳施工的健康发展，制定引导企业实施低碳施工的激励机制。要进一步研究低碳施工应用示范工程的技术内容和推广重点，逐步建立激励政策，以示范工程为平台，促进低碳施工技术和管理经验的积累和应用。此外，要在相关的工程评优中，加入低碳施工的内容要求，强化激励作用，激发企业参与的积极性。

1. 六维评价

可将施工活动分为六个部分，分别从施工运输、施工材料、施工机械设备、技术工艺、资源能源和其他活动六个方面，对施工活动是否符合低碳标准进行定性评价，评价依据为是否减少碳排放量。

（1）施工运输

① 施工过程中使用绿色认证的低能耗、低排放运输车辆，予以肯定；

② 施工过程中采取措施保证运输车辆洁净，控制尾气排放，予以肯定；

③ 建立有效的管理制度，保证运输车辆按照最合适路线行驶，予以肯定；

④ 严格按照规定运输，不超载、混载，予以肯定；

⑤ 施工现场车辆行驶道路清洁平整，方便车辆行驶，予以肯定；

⑥ 对运输车辆进行定期维护，保持良好运作状态，予以肯定；

反之，均予以否定。

（2）施工材料

① 选择低碳环保工艺产出的材料，予以肯定；

② 选择施工过程中方便施工，或者有新型施工工艺可以减少碳排放的材料，予以肯定；

③ 选择在运营阶段可以大量减少能源消耗的材料，予以肯定；

④ 选择施工现场附近的施工材料的，予以肯定；

⑤ 有特定的材料储存地点，且采取措施保护材料，予以肯定；

⑥ 施工过程中节约使用各种材料，予以肯定；

⑦ 采取提前整理材料信息的手段，确保在施工中使用的材料最合理，予以肯定；

⑧ 采取信息化手段控制材料堆放地点、材料使用方式，予以肯定；

⑨ 施工过程中对剩余材料进行回收利用，予以肯定；

⑩ 剩余材料和废弃材料及时分类整理，予以肯定；

反之，均予以否定。

（3）施工机械设备

① 使用国家提倡的低碳排的机械设备，予以肯定；

② 使用新型的机械设备，达到缩减工期、提高效率、减少成本、提高质量等任一种效果，并且在总量上减少碳排放，予以肯定；

③ 制定有效的施工方案，合理安排机械设备的进场时间及安放地点，予以肯定；

④ 选择清洁燃油和代用燃料以减少碳排放，予以肯定；

⑤ 采取高效燃料添加剂使燃料充分燃烧，予以肯定；

⑥ 安装净化装置，予以肯定；

⑦ 聘用熟练的机上工作人员来操作机械设备，减少不必要的运作，予以肯定；

⑧ 采用信息化技术，监测每一种机械设备在运行中的碳排放量，予以肯定；

⑨ 对于监测到的碳排信息，组织专门人员分析并采取措施进一步减少碳排放，予以肯定；

⑩ 监测到的信息显示某种机械设备的碳排放量超过同类型机械设备的碳排放量，及时将其更换，予以肯定；

反之，均予以否定。

（4）技术工艺

① 资源能源；

② 制定能源管理制度，合理利用能源并减少能源消耗，予以肯定；

③ 使用低耗电电器，予以肯定；

④ 办公区和生活区节约用电，予以肯定；

反之，均予以否定。

（5）其他活动

① 其他予以肯定的施工活动：以是否减少碳排放为标准。若当前施工活动没有在上述的选项中，但其与原方法相比确实减少了碳排放，则可将其计算在予以肯定的选项中；

② 其他予以否定的施工活动：与原施工活动相比，出现特殊情况而增加机械设备运作、增加材料消耗、增加工期等，造成碳排放量增加，予以否定。

根据实际施工活动选择相关选项，当予以否定的选项数量超过予以肯定选项数量的一半时，认为该施工已经超出低碳施工范围。施工现场管理人员应从予以否定的项目入手，采取措施减少碳排放量。

2. 定量评价——专家评价法

将施工活动分类，计算出各类施工活动的低碳得分，用加权平均法得出具体的数值，再与标准数值作比较，最终得出施工活动低碳等级。采取专家评价法，对现场施工中各类低碳活动赋予权重，所有选项权重之和为1，计算方法如下：

$$A = \sum_{i=1}^{n} \alpha_i T_i$$

其中，A——整体施工活动的最终得分；

α_i——第 i 类活动的权重；

T_i——第 i 类活动的得分。

权重表

表 3.18

类型 T	权重 α
T_1 组织管理	α_1
1.1 低碳施工管理制度	α_{11}
1.2 低碳施工培训	α_{12}
1.3 低碳绩效评价	α_{13}
T_2 运输	α_2
2.1 运输车辆选择	α_{21}
2.2 运输车辆保养	α_{22}
2.3 行驶路面	α_{23}
2.4 运输距离	α_{24}
2.5 运输载重	α_{25}
T_3 材料	α_3
3.1 材料生产过程的碳排放	α_{31}
3.2 材料施工的难易度	α_{32}
3.3 运营阶段的减排能力	α_{33}
3.4 材料的管理(包括制度管理、信息技术管理)	α_{34}
3.5 就地取材	α_{35}

类型 T	权重 α
3.6 材料节约	α_{36}
3.7 使用新材料	α_{37}
T_4 机械设备	α_4
4.1 机械设备的类型	α_{41}
4.2 机上人工操作	α_{42}
4.3 使用新机械设备	α_{43}
T_5 技术工艺	α_5
5.1 合理的技术工艺改造	α_{51}
5.2 操作人员的能力	α_{52}
5.3 使用新工艺、新技术	α_{53}
T_6 资源能源	α_6
6.1 能源节约—耗油量	α_{61}
6.2 能源节约—耗电量	α_{62}
6.3 新能源的使用	α_{63}
T_7 生活区办公区	α_7
T_8 废弃物处理	α_8
8.1 废弃物管理	α_{81}
8.2 废弃物资源化	α_{82}
T_9 施工减碳	α_9
T_{10} 其他	α_{10}
合计	1

注：权重表 3.18 中罗列的 10 个项目为评定低碳施工的基本标准，其权重相加之和为 1。每个项目下面分不同的条款，该条款是单项评定标准下的详细标准，为尽可能地表现每个项目在实际施工中对于节能减排的重要性，由专家评定其重要程度，同样以权重来表示。每个项目下的条款之和为 1。在施工项目定量评价表中，以表 3.18 所列出的条款作为评定基础，计算方法参照上面的加权平均公式。

施工中的低碳活动包含很多内容，在此很难穷尽各个方面。按照前面章节对低碳施工现场活动的顺序进行分类评价（即按照"运输—材料—机械设备—技术工艺—能源—办公区和生活区—废弃物"的顺序对施工活动进行低碳评分）。评分工作由施工现场项目经理完成，评分实行"随做随评"的方法，每天（间隔时间可由现场人员规定，但最长不应超过一周）定时对项目进行评价、总结和记录，在项目结束之后将各个评价表汇总。

4 施工现场管理低碳化

4.1 从零和博弈到实现共赢

1. 低碳施工目标冲突

施工现场冲突发生在合同甲乙双方之间，冲突的焦点集中在质量、进度、成本等传统目标上。推行低碳施工，必然会对原有的目标体系产生影响，激化合同双方的矛盾与博弈。因此，在分析低碳施工目标冲突时，要充分认识传统施工模式下三大目标的冲突点，深入剖析低碳目标对这些冲突产生的影响。

（1）质量冲突

由于诉求点不同，施工单位和建设单位的质量冲突一直存在。建设单位希望施工单位在约定的合同价范围内做到精益求精，施工单位则希望尽量降低施工成本，增加盈利空间。在引入低碳目标之前，施工单位和业主之间的质量冲突主要表现在多个方面：施工单位为加快进度，往往会在报验或者审批的同时，使用未经业主或监理允许的材料；在投标阶段，施工单位为增加中标可能性，压低标价或垫资施工，而在施工阶段为了节约成本，施工单位可能采取偷工减料、以次充好等行为，降低工程质量；施工单位的质量体系不完善等。

引入低碳目标之后，相当于给施工单位在质量考核方面增设了一道关卡，这可能会在一定程度上激化业主和施工单位之间的质量冲突。一方面，业主会要求施工方运用低碳施工技术，采取低碳施工工艺，杜绝非低碳设备，以保证施工全程的减碳效果，这对施工方提出了施工技术和现场管理水平上的新要求。另一方面，施工单位希望在满足基本质量要求的前提下，最大限度地降低成本，而引入低碳目标后，施工单位降低成本的空间必然会缩小，而且这与业主预期的质量水平也必然存在差距，冲突由此产生。

（2）进度冲突

业主总是希望项目能够尽早完工，早日投产或者销售；施工单位则希望工期得到充分考虑，以减少赶工费用和未按时完工的风险。因此，业主和施工单位之间常存在进度冲突。在引入低碳目标之前，进度冲突主要表现在：当实际进度与计划进度存在偏差时，由于业主和施工单位对进度调整理解不同，双方往往会就此产生激烈的争议；在投标过程中，施工单位故意缩短工期以提高中标的可能性，而在施工过程中采取各种手段拖延工期；发生不可抗力或者影响工期的其他事件之后，施工单位为了自己的利益总是希望工期能够按自己意愿延长。

引入低碳目标之后，施工单位不仅要在约定的工期内完成约定的工作任务，还要力争减碳，使施工过程中的碳排放量控制在目标范围内。减碳意味着不能粗放式、高强度地开展施工活动。减碳任务更涉及施工的方方面面，从最开始的材料设备选购，到施工技术、工艺流程的确定，到施工过程中的碳排放监控，再到碳排放超标之后采取的补救措施，这些工作都会占用时间，对项目的进度目标产生影响，加剧业主和施工单位之间的进度冲突。

（3）成本冲突

在引入低碳目标之前，业主和施工单位之间的费用冲突主要表现为：业主希望施工单位以较低的费用完成较高质量的工程，会对施工单位提出严格的要求；施工单位希望尽可能地降低工程成本，增加工程量，以获得较多的利润，只要顺利完成工程即可；为了中标，施工单位常常采取低价投标，中标后再采取索赔等手段补偿损失。

在引入低碳目标之后，除了以上的费用冲突，业主和施工单位之间的费用冲突主要表现为低碳成本的费用分摊问题。为了控制碳排放量，需要在各个环节采取减碳措施，这些措施的实施都需要费用支撑。例如，购买低碳设备所花的费用、使用低碳技术所花的费用、购买碳排放检测仪器所花的费用等。这些费用的分担，是业主和施工单位费用冲突的根源。

（4）低碳目标对三大冲突的影响

引入低碳目标之后，项目管理目标就从传统三维（质量、进度和费用）转变到质量、进度、费用和低碳，甚至更多维度。那么，如何平衡项目管理目标；是否涉及重新排序的问题；还是像原来的三大目标一样，相互制约、相互影响。如果是相互制约的关系，那么它们之间是如何维持平衡的呢？由于每个项目都有自身的独特性，这些问题目前还没有确定统一的答案，需要人们在实践中不断摸索、总结经验、得出科学的结论。

2. 低碳施工目标冲突原因

无论在传统施工还是低碳施工模式下，产生冲突的根本原因都在于双方利益不一致、信息不对等、缺乏沟通和信任。低碳施工模式下，由于合同关系、现场组织更加复杂，冲突也就更加频繁。

（1）利益不同

业主和施工单位代表着不同的经济主体，追求的利益不同。在工程项目总体目标一致的前提下，各自还有其他目标，双方的很多目标经常不一致。例如，业主方希望以低投入获得质量高、进度快的工程，施工单位则希望基本满足质量要求而获得较高利润。在实际施工过程中，业主和施工单位都会追求各自利益，忽视对方的利益，必然会引发双方的利益冲突。而在低碳建造环境下，这种利益冲突就会加剧。例如，施工过程中会涉及减碳成本的分摊、低碳责任的划分，低碳效益的分配等问题，以及政府对双方的要求差异所造成的压力不同。因此，利益不同是导致双方目标冲突的原因之一。

（2）信息不对称

作为建设工程的两大主体，业主和施工单位间信息通常是不对称的。施工单位负责现场管理和具体施工，掌握着最详细的现场信息；业主虽然常去现场巡视，但巡视时间有限，对工程实际情况了解甚少。由于信息不对称，施工单位可能利用优势信息欺骗业主、谋取利益，给业主造成损失。所以在工程项目的实际施工过程中，信息不对称经常会导致双方冲突。在低碳建造过程中，建设单位对碳排放量的管控力度有限，不可能时时刻刻监控，这就使施工单位有机可乘，出现虚报数量或者采取不合理手段减碳的情况。缓解由于信息不对称造成目标冲突的方法之一是加强双方的沟通协调以及信任感。

（3）沟通不畅

在低碳施工过程中，业主和施工单位对合同具体约定的低碳建设任务理解不一致。如果没有及时沟通，各方按照自己的理解执行合同，可能引发偏差、损失和浪费。此外，就工程变更和签证等情况若没有及时沟通和认可，一方事后可能会否认，逃避自己的责任，给另一方造成重大损失。关于低碳建造的沟通，主要体现在对合同中争议的解释（如碳排放具体要求）、对低碳责权利的分配以及沟通机制的建立健全等方面。

（4）信任缺失

　　在工程项目建设初期，业主和施工单位彼此都希望有个良好的开端，双方互相较为信任。随着工程的进展，受各种不确定因素影响，双方出现误会和摩擦，产生猜疑。业主认为施工单位为了高额利润降低质量标准，施工单位则觉得甲方不通情达理、故意刁难。在低碳方面，业主认为施工单位没有要严格按照低碳要求组织施工，施工单位觉得实行低碳成本过高，而业主并没有提供足够的资金。双方的不信任逐渐加剧，最终导致冲突发生。

4.2　低碳现场目标管理

1. 低碳目标与三大目标之争

　　在实施建设项目目标管理过程中，各目标之间存在相互影响、相互制约关系。成本、工期、质量、安全、低碳和可持续性发展是建设项目的几个重要目标，彼此间互相联系且又互相影响。例如，过度地缩短工期必然会影响项目质量或增加费用。任何单方面考虑工期、质量、费用等目标都是片面的。随着现代建筑科技含量的提高，建设过程中涉及的专业越来越多，制定目标体系和实施目标管理也变得越来越复杂。建设项目的利益相关方提出的目标通常各不相同，目标间的矛盾实际是不同利益集团间的争执。他们在各自利益的驱使下，往往不能完全按照项目的整体要求进行建设，人为地增大了项目目标实现的难度。

　　成本、进度、费用和低碳目标之间的互动关系，如图 4.1 所示。

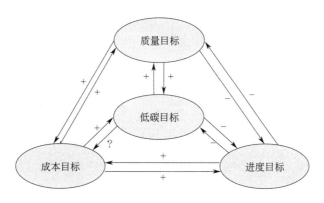

图 4.1　质量、成本、进度和低碳目标之间的关系

（1）成本目标

成本目标是建设项目成本费用开支的控制标准，是根据建设项目标价的构

成，在满足项目质量、工期、碳排等目标要求的前提下，对建设项目实施过程中所发生的费用；通过计划、组织、控制和协调等活动，采取一系列有效的手段和措施，实现建设项目利益最大化，最终实现预定的建设目标。

低碳建造是否增加项目建设成本，在学术界似乎未有定论。探讨低碳建造成本可以在建设项目实施的各个阶段，并将之并入投资估算、初步设计概算、施工图预算、承包合同价、竣工结算和竣工决算之中；也可以通过综合运用技术、经济、合同、法律等手段，有效地控制建设项目各个阶段的实际成本支出，使得人力、物力、财力能够得到有效使用，把建设项目的成本控制在批准的目标限额以内。

在传统的项目管理中，成本目标受到质量、工期目标的制约，在低碳建造项目管理中，由于增加了低碳目标，对于建造过程中碳排放量的管控势必会影响到成本目标。在低碳建造初期，要引进低碳施工技术和设备，所以会增加成本，但是在中后期，可能会因为实行低碳施工而减少诸如安全文明施工费等费用的投入。而且低碳建造会减少运营过程中的能耗，从全寿命周期来看，低碳目标会影响成本目标，但是影响大小视项目的不同而各异。

（2）质量目标

建设项目质量是指满足业主需要的，符合国家法律、法规、技术规范标准、设计文件及合同规定的特性的综合。建设项目质量目标的特性主要表现在以下四个方面：

1）适用性，是指满足使用目的的各种性能。

2）耐久性，是指建设项目在特定条件下，满足规定功能要求的使用年限。

3）安全性，是指建设项目建成后，在使用过程中保证结构安全，保证人身和环境免受危害的程度。

4）可靠性，是指建设在规定的时间和规定的条件下完成规定功能的能力。

这四个方面的质量特性彼此之间是相互依存的，但对于不同类型的项目，如工业建筑、民用建筑、公共建筑、住宅建筑、道路建筑，可根据其所处的特定地域环境条件、技术经济条件的差异而有所侧重。通常而言，建设工程的质量目标主要是指项目施工的质量目标，这些目标具体包括合格、优秀、争创"鲁班奖"等。例如，某项目的质量目标是：工程质量在符合《建筑工程施工质量验收统一标准》GB 50300—2013 基础上，确保"鸠兹杯"，争创"黄山杯"。

质量目标与低碳目标之间是对立统一的。一方面，为达到低碳目标而增加的成本可能会以降低质量要求为代价。但是在建造过程中，要尽量避免这种情况，追求低碳目标不应以牺牲质量为前提。另一方面，低碳施工的外部性可以从一定程度上促进质量的提升。因此，质量目标与低碳目标的和谐统一应该作为低碳施工管理的准则之一。

（3）进度目标

建设项目进度目标是一个综合的指标。它将建设项目的任务、工期、成本和资源有机地结合起来，不仅指工期目标，还必须把工期与劳动消耗、成本、工程实物、资源等目标统一起来考虑，比较全面地反映建设项目的进展状况，就是指确保建设项目在规定的工期内完成规定的所有工作任务的一个期望。进度目标不仅仅是指一个项目的预期完工时间，它还包括各阶段目标。

【案例1：三峡工程的进度目标】

三峡工程的工期目标见表4.1。

三峡工程的工期目标 表4.1

阶段	截止时间	具 体 内 容
第一阶段 （5年：1993～1997年）	1997年5月	导流明渠进水
	1997年10月	导流明渠通航
	1997年11月	实现大江截流
	1997年年底	基本建成临时船闸
第二阶段 （6年：1998～2003年）	1998年5月	临时船闸通航
	1998年6月	二期围堰闭气开始抽水
	1998年9月	形成二期基坑
	1999年2月	左岸电站厂房及大坝基础开挖结束，并全面开始混凝土浇筑
	1999年9月	永久船闸完成闸室段开挖，并全面进入混凝土浇筑阶段
	2002年5月	二期上游基坑进水
	2002年6月	永久船闸完建开始调试
	2002年9月	二期下游基坑进水
	2002年11～12月	三期截流
	2003年6月	大坝下闸水库开始蓄水，永久船闸通航
	2003年4季度	第一批机组发电
第三阶段 （6年：2004～2009年）	2009年年底	全部机组发电和三峡枢纽工程完建

从表面上看，进度目标与低碳目标之间没有必然的冲突。但是在实际施工过程中，需要考虑到由于碳排量的限制，某些平行施工的工序需要调整为依次施工，这就要求对施工组织设计进行优化，在保证碳排放量不超标的情况下，尽量减少工期的拖延。

（4）安全目标

安全目标就是确保建设项目在整个实施过程中始终处于安全状态，各项安全指标符合建筑安全部门制定的安全标准要求，同时各项安全指标控制在企业对项目下达的管理目标之内的一种期望。

确切地说，在建设项目实施过程中，要采取一切预防、防范措施，建立完善的安全系统目标，确保建设项目中的人、物、环境始终处于安全状态，杜绝安全事故发生，尽量减少、消灭安全隐患存在，真正达到安全生产目的的期望。具体说就是在项目施工过程中，人员伤亡控制在什么范围，如要求"零伤亡"；物的损失控制在什么范围，如施工现场要求杜绝火灾；对环境的影响程度控制在什么范围，如严防泥石流、山体滑坡等。

在一定程度上，安全目标与低碳目标是相辅相成的。在达成低碳目标的过程中应加强人的教育，注意机械的合理使用以及环境的改善，这些对于安全目标的实现都有很大促进作用。

（5）低碳目标

低碳目标是为了减少二氧化碳的排放，应对温室效应设定的。低碳目标拟在施工过程中达到节能减排、保护环境、节约资源能源的要求，它必须与社会经济发展目的相适应或相匹配。长期以来，设计单位过多地考虑功能、技术、经济限制，而对温室气体的排放考虑较少。在我国，由于某些项目管理者或决策者的浮躁、急功近利，过于考虑近期的需求、炒作、经济的满足等，造成大量建设项目碳排放量大，污染环境等现象。类似于成本目标，低碳目标是具体的。例如，规定本项目的碳排放量上限值或配额，甚至落实到每个工序。

（6）可持续目标

可持续发展应着眼于保持社会和经济系统的有序性、均衡性和持久性。过去人们对城市的可持续发展、地区的可持续发展关注多，而城市建设、地区发展都是通过建设项目来实现的，所以建设项目的可持续发展非常重要。

2. 多目标协调管理

　　由于多目标的存在，并且工程项目的多个目标是相互影响、相互制约的。在时空和资源的约束下，工程项目管理最终是达到各个目标的均衡，而不是单纯追求某一个目标的最优值。因此，工程项目管理实质上是一个多目标协调管理的过程。那么，多个目标如何协调管理，这时就要根据项目的实际情况，以及外在的条件限制，寻求目标之间的平衡。例如，当费用目标和低碳目标冲突时，就要在合理的费用范围内，确定低碳目标，而不能一味地追求低碳又无法控制成本限额。

　　基于协调管理工程项目目标的具体要求，可将目标管理体系分解为 6 个一级指标：成本目标、质量目标、进度目标、安全目标、低碳目标和可持续发展目标，形成一个较为完整的体系。

　　基于协调管理的基本原理，本文提出了如图 4.2 所示的工程项目目标管理体系。

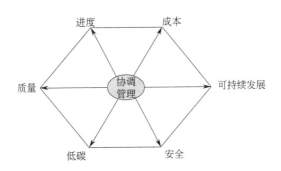

图 4.2　协调管理原理下的工程项目目标管理体系

　　在工程项目协调、控制不利的情况下，任何一个目标出现问题，都会影响其他目标的实现，进而关系到项目的整体平衡。比如，加快工程施工进度，虽然可以避免因意外原因而必须采取赶工的措施，但是有可能使工程建设质量降低，导致建设成本增加。但是，如果对特定目标进行协调管理，在加快工程进度的时候遵循适度原则，就有可能保证工程质量，节省建设成本间接费，致使项目在约定的时间之前保质保量地完成。其实，引入低碳目标有助于实现更高层面上的可持续发展目标，但对进度、成本、质量目标也提出了挑战。

　　首先，购买碳排放量较低的材料和设备以及碳排放检测设备，会造成成本费用的增加。接着，要实施低碳施工工艺，采用新设备、新材料、新工艺等，可能会影响项目施工质量。最后，在施工过程中，如果对低碳设备、技术的运用不够熟练，也会影响到项目的实施进程。

工程项目的低碳目标归根到底还是为了节约资源、保护环境。因此，也可以把低碳目标看作是可持续发展目标的一部分。那么，如何实现可持续发展目标呢？它不仅仅是减少碳排放这么简单，可持续发展目标追求的是经济效益、社会效益和环境效益的有机统一，也就是各个目标的协调发展。因此，必须把可持续发展目标贯穿项目建设全过程。

在工程项目实施和运营阶段，安全目标一直是存在的。没有安全，工程项目的进度、成本、质量和可持续发展等目标就无从谈起；低碳和可持续发展目标是工程项目的最终和最高追求。进度、成本和质量则是实现工程项目全部目标的基础，也是实施基于协调管理的工程项目目标管理的主要着眼点。

在施工阶段，质量、安全、低碳目标是协调与控制的主要对象。这是因为决策和设计阶段具体给出了项目的质量目标和功能使用价值；而施工阶段就要使决策和设计阶段确立的质量目标（即合同要求和设计方案）得以实现，最终形成工程实体质量。本阶段工程项目实体质量如何，将决定项目建设是否满足安全、实用、经济、美观性等要求。施工期间也是建设项目自身环境最复杂、存在安全隐患最多、碳排放较为集中的时期。因此，质量、安全和低碳目标的协调与控制构成了这一阶段的主要对象，是目标控制的核心。

3. 低碳施工目标控制

（1）低碳施工目标分解

低碳施工有赖于目标管理。开展目标管理首先要对整体目标进行科学地分解，确定具体的、可执行的路径方案。这里面首要的就是确定低碳施工目标值，而对低碳施工目标值进行确定，应根据工程拟采用的各种措施，结合管理人员的管理水平和同类建筑物的减碳水平来确定。

低碳目标值的确定应该按照由整体到局部、由粗到细，分为不同层次来进行。可以将总目标划分为若干分目标，也可以将一级目标划分为多个二级目标。形式可以多样，方法可以灵活。但无论采用哪一种方法，都应该将目标分解到位，做到不重不漏，从而形成一个科学的目标体系。

低碳目标分解应遵循因地制宜、符合实际、易于执行、科学合理等原则。本文以一个具体的分解方式为例，陈述如何分解低碳目标。

首先，确定施工现场总体的低碳目标，即减少碳源、增加碳汇。然后，对施工现场进行功能分区，确定每一个功能区的分目标，以及目标实现的手段。如表4.2所示。

施工现场低碳目标分解示例　　　　　　　　表 4.2

总体目标	一级目标	二级目标	三级目标
施工现场:减少碳源，增加碳汇	作业区:减少碳源	节约材料	节约木材
			节约钢筋
			……
		节约能源	减少柴油机的使用
			使用清洁能源
			……
		……	……
	生活区:减少碳源，增加碳汇	节约用水	生活用水多次利用
			收集雨水
			……
		植树种草	植树
			种草
			……
		……	……
	办公区:减少碳源，增加碳汇	节约用电	人走灯熄
			使用低耗电电器
			……
		植树种草	植树
			种草
			……
		……	……
	……	……	……

低碳目标分解并非易事，可以借鉴其他目标的分解思路，采用工作分解结构（Work Breakdown Structure）方法，如图4.3所示。

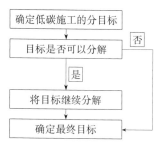

图4.3　低碳目标分解示意图

（2）低碳施工目标动态管理

低碳施工目标控制一般采用动态控制的原理，实质是建立反馈机制，或是在施工过程中对低碳目标进行跟踪和控制。收集各个低碳施工控制要点的实测数据并与目标值进行比较。当发现实施过程中实际碳排放量与预期碳排放量发生偏差时，应分析产生偏差的原因，如果是由于实际施工原因造成的，则应确定纠正措施，采取行动；如果是因为计划值不合理，则调整低碳目标。如此循环往复，直到实现既定低碳目标为止。

低碳目标动态管理的纠偏措施主要有四大方面：

①管理措施。分析由于管理原因造成影响项目低碳目标实现的问题，采取相应措施。如，调整低碳管理方法和手段，改变施工管理和强化合同管理。

②技术措施。分析由于技术原因而影响项目低碳目标实现的问题，采取相应措施，如调整设计、改进施工方法和改变施工机具。

③组织措施。分析由于组织原因而影响项目低碳目标实现的问题，采取相应措施，如调整项目结构、任务分工、管理职能分工、工作流程组织和项目班子人员等。

④经济措施。分析由于经济原因而影响项目低碳目标实现的问题，采取相应的措施，如落实采取低碳施工方法所需资金。

低碳目标动态控制的核心是：在实施过程中定期地进行低碳目标计划值和实际值的比较，当发现低碳目标发生偏离时，及时分析原因、采取纠偏措施。为避免低碳目标偏离情况发生，还应重视事前的主动控制，即事前分析可能导致低碳目标偏离的各种影响因素，并针对这些影响因素采取有效的预防措施（图4.4）。

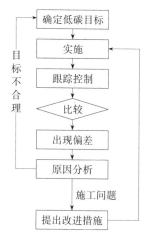

图4.4　低碳施工目标动态管理

4.3 低碳现场协调管理

现场管理是指科学合理地优化配置施工现场的一切要素，确保生产现场布局与既定目标相符合，实现施工的安全化、高效化、优质化和低碳化。在施工低碳化要求下，现场管理体系就是一种精细化的管理模式。之所以要对低碳施工现场进行协调管理，是因为新增低碳目标后，现场的冲突必然会更多。例如：现场组织架构的调整、责权利的重新分配以及制度的强化等。

1. 现场组织制度管理

低碳施工现场的高效管理与现场的组织结构和运行制度有着密切关系。低碳经济下建设项目现场管理制度的建立并非短时间内就能完成，合理的组织与制度能够有效地管理现场工作人员，保证一切现场施工活动有序、顺利开展。

（1）依附传统组织，落实低碳建造责任

科学的现场组织安排和明确的责任分配体系能够提高施工现场管理效率，有效地降低碳排放。与项目层面的组织机构侧重点不同，现场组织机构更加微观，主要是针对施工层面的管理组织。然而，低碳诉求下施工现场管理的组织结构与一般的组织结构有所不同。

首先，需要设置一个低碳监督岗位（图4.5），专门对施工过程中碳排放量进行监督。其次，各岗位的职责分配与一般的组织结构不同，基本上所有的岗位都肩负着低碳的责任。例如，项目经理要同时兼顾质量、成本、工期和低碳目标；生产经理要将低碳责任落实到人；技术负责人要对班组进行低碳施工技术交底等。

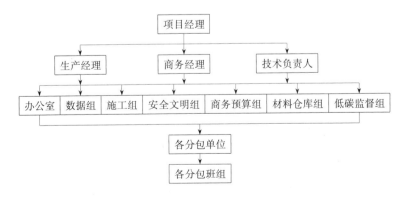

图4.5 某低碳施工管理组织

1）低碳管理层次与管理幅度

对一个组织而言，适当的管理层次和管理幅度有助于推行低碳建造。要根据不同工作需要对组织进行层级划分；要综合考虑员工的学历、工作经验等因素；劳务层的划分应按不同技术工种进行分类；另外，要在适当的管理层次中加入低碳管理岗位，对现场的碳排放进行管理和监督。

就管理幅度而言，劳务层中每类技术工人要合理地配置以适应低碳建造要求下的物尽其用，资源利用率最大化。同时，也要保证能够满足工作职能的重要性、复杂性和进展要求。

2）低碳责任分配

在管理层次制定好、管理幅度确定后，需要将职责和权责进行分配。特别是碳排放的监管职权。由于低碳是一种施工新理念，在实行初期如果针对碳排放的管理职权没有分配到位，极易造成施工现场效率低下甚至导致秩序混乱的现象，因此组织结构必须与责任体系相对应，将每个职位上的低碳管理责、权、利进行良好结合。

根据责权利对等的原则，本文提出低碳责任分配标准，如表4.3所示。

低碳责任分配 表4.3

职务	责　　任
总组长	以项目经理为总组长，全面负责施工现场的低碳化管理，具有生产指挥权、财权、人事权、技术决策权及设备、物资、材料的控制权及采购权
小组长	参与单位技术经济指标（如节能、资源回收及利用）的控制，完成预定节约目标
施工员	混凝土、钢筋、模板、安装、质量监督、材料采购和安检等的主要工作，尽职尽责，监督完成上级下达的任务，尽量做到不返工
成本预算员	正确及时编制施工图预算，正确计算工程量及套用定额，做好工料分析，做好各类经济预测和碳排核算工作
材料管理员	配合相关人员制定、落实材料采购、使用、保管计划，对项目运行各个环节的用料及其碳排实行有效监管
质量管理员	负责监督管理工程质量相关的问题
安全管理员	负责监督管理工程安全相关的问题

【案例1：武汉国际博览中心】

武汉国际博览中心的低碳建设将低碳管理组织提高到了职能部门层面，管理组织的组成成员包括总经理、各部部长和各部门低碳负责人，管理任务包括两方面：一是全面协调管理各部门及各参与方的低碳建设工作；二是通过检查与考核的方式监督各部门的低碳建设工作。组织通过各部门的低碳负责人，对内负责执行低碳建设管理委员会的指令，对外负责汇报本部门低碳建设工作的完成情况，组织成员可以直接进行决策。图4.6和图4.7分别是该公司的组织结构和低碳管理委员会的人员构成。

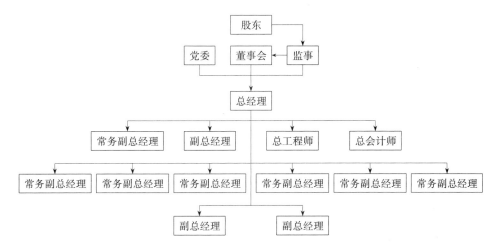

图 4.6   武汉新城国际博览中心有限公司组织机构

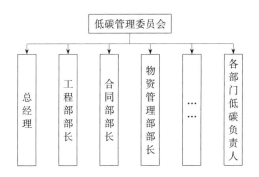

图 4.7   武汉新城国博之低碳管理委员会人员构成

这种管理模式的优点多，比如：

（1）将低碳管理机构提升到职能部门，可以约束工程部及其他各部门的低碳建设行为，不会因为权力级别的限制而造成低碳管理困难的局面。

（2）总经理作为低碳管理委员会成员，可以进行直接决策领导，简化决策过程。

（3）方便决策层直接参与工程进度的监管，决策层对工程的低碳建设现场情况有全面直观的了解；总经理参与低碳建设管理的监督，能够对决策层提出意见，以协调决策的冲突和争议。

（2）低碳制度强化管理

有序的建设行为需要制度的约束，合理的制度能够提高管理效率，促使低碳目标得以实现。现场低碳制度管理的核心在于满足质量和安全前提下，提高资源利用率（图 4.8）。

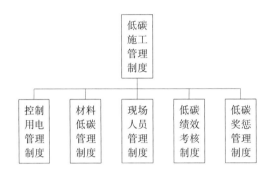

图 4.8　低碳施工现场管理制度

低碳施工现场管理制度主要包括用电制度和办公材料管理制度。

1）用电制度

用电管理制度主要是减少现场管理各种行为的耗电现象。例如，高效利用各种机器设备，禁止在工作时间，使用单位工作设备做与工作无关的事，杜绝上班网络购物、聊天等现象。办公场所尽量减少不必要耗电，采用自然光。所有现场工作人员都应提高控制用电的意识，自觉控制用电量，节约用电。

2）材料低碳管理制度

施工除了对施工过程各种用材进行高效利用之外，现场应推广无纸化办公，对印刷品数量进行严格控制。提高电子资料使用比例，尽可能控制纸质资料印刷数量。科学控制办公用品数量，规范购买流程，做到储备足够，又要防止浪费和积压。使用办公用品时，应有低碳意识，减少不必要的浪费。

3）低碳奖惩管理制度

合理的奖励制度具有正强化作用，能够激励更多的低碳行为，使低碳行为更为持久。现场奖励以升职、现金奖励、荣誉表彰等形式为主。对提出切实合理的低碳建议的职工予以表彰。对敢于维护项目利益，与浪费行为做斗争的职工予以奖励或升职，倡导揭发、制止不利于实现低碳现场管理目标的行为。

与此同时，也需要对高碳行为建立惩罚制度。坚决杜绝现场原材料浪费行为，出现包括返工在内的浪费行为要对相关员工进行处罚，包括降职、罚款等方式。

4）低碳绩效考核制度

综合考虑员工的出勤、工作能力、品德、业绩四个方面，将关键绩效指标分为：低碳化目标达成考核、额定时间完成率、原材料利用率、一次性合格率、来料检验合格率、处理合格率等。现场低碳表现考核包括是否有不良浪费习惯、有无违反有关低碳规定等，另外还包括人事考核，如奖惩、人事绩效、考勤等。

2. 现场隐形资源低碳管理

现场低碳管理除了对现场有形资源的管理外，还包括隐形资源的管理。施工现场的隐形资源主要指施工过程中不可见的资源，包括与施工相关的信息、知识、碳排放等。

（1）低碳施工信息管理

低碳施工现场信息管理比一般项目信息管理更为具体，既要存储、修改、查找和处理关于低碳施工现场管理方面的信息，又要跟踪管理施工进度、自然环境、造价成本及能源浪费等问题。

表 4.4 对施工信息管理的类型及内容进行了汇总，可用于指导施工现场低碳信息管理，提高现场组织管理水平和施工效率，从管理角度降低现场碳排放。图 4.9 展示了各个施工信息管理系统与低碳的关系。

管理信息类型及内容 表 4.4

类型	内　　　　容
办公自动化系统	施工进度控制表、施工日报表、晴雨表、施工周报表等
招投标系统	工程量计算、投标报价、标书制度、施工平面设计、造价计算、编制工程进度网络等
设计计算系统	深基坑支护设计、脚手架设计、模板设计等
项目管理系统	项目成本、质量、安全、进度管理、日常信息管理
信息技术自动化控制系统	大体积混凝土施工质量控制、高层建筑垂直度检测、预拌混凝土上料自动控制、采用同步提升技术进行大型构件和设备的整体安装和整体爬升脚手架的提升、幕墙的生产与加工、建筑物沉降观测和工程测量、建筑材料监测数据采集等

（2）固化流动的低碳知识

在施工过程中存在大量流动知识，收集、整合、利用现场低碳知识资源，有

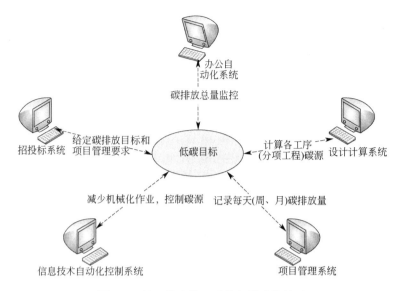

图 4.9   施工信息管理系统与低碳的关系

助于提高施工效率、施工质量。

施工现场低碳知识主要包括低碳目标体系、低碳管理资料、碳排放记录、低碳技术措施、低碳工艺流程等。要想推动低碳施工的发展，开展现场低碳管理就必须进行低碳知识管理。通过知识存储、开发、利用等活动，提升低碳管理效果。

在项目开工前及建设中需要组织大量交底工作，交底资料种类多，如施工技术类、安全生产类、物质材料类、竣工材料类。通常由项目技术总工程师将需要交底的内容逐级向下传达，直至施工班组。施工交底使参与项目建设的全体人员更好地熟悉工程项目特点、设计意图、施工措施，做到心有全局，确保正常的工程施工秩序。工程交底工作是低碳施工技术准备的重要环节，必须认真执行。

除了交底工作外，还应建立健全低碳施工日志制度。施工日志通常记载着施工单位每日开展的施工活动，真实反映施工活动，便于工程档案整理以及在争端发生时进行索赔。内容包括质量和安全事故记录、分析和处理情况，重要决议和方案记录，全部施工图纸和技术变更收发记录。将低碳实践和施工日志制度相结合的施工日志制度，还需要记录现场管理、施工技术、施工工艺等施工现场的减碳实践和效果。详细的施工日志方便施工单位积累低碳经验，识别施工过程中可降低的碳排放量或者可减少的碳源，推进施工管理的低碳化。

（3）监测控制碳排放

一个积极有效的低碳建设管理系统应涵盖项目全寿命周期。工程项目建设周期长、涉及技术多、建设过程复杂，加强低碳建设过程控制成为保障低碳建设效果的重点，碳排放监测系统利用一系列评估方法以及碳排放数据，实现对建设过程碳排放的监控，防止出现大的偏差而造成负面影响。

【案例2：武汉国博中心的低碳建设】

武汉国博中心项目建立的碳排放监测体系包括低碳建设评价标准和碳排放测算系统两部分。前者属于定性评价，后者则着重定量评价，两者有机结合实现对低碳建设过程的全面控制。此外，本项目还从两个维度对碳排放进行测算，如图4.10所示。在构建BIM模型的基础上，一是进行二次开发，集成项目的进度和工程量，对施工过程中材料和机械运输的碳排放进行测算，实现施工过程能耗分析；二是模拟项目运行过程，对建筑物开展采光分析、自然通风分析、水资源利用分析及整体能耗分析，实现运营过程能耗管控。

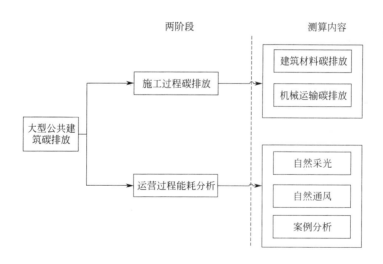

图4.10 武汉国博中心的碳排放结构示意图

3. 低碳 6S 管理

6S管理，即整理（SEIRI）、整顿（SEITON）、清扫（SEISO）、清洁（SEIKETSU）、素养（SHITSUKE）、安全（SECURITY）。"6S"之间彼此关

联，缺一不可。整理、整顿、清扫是具体内容；清洁是指将前面3S做到法制度化、规范化，贯彻执行及维持结果；素养是指培养每位员工有良好的习惯，遵守规则做事；安全是基础，要尊重生命。"6S管理"是行之有效的现代企业现场管理方法，以预防为主，提高效率，确保安全和质量，降低资源消耗、减少环境污染，营造整洁有序的工作环境，符合低碳精细化现场的管理要求。

按照"6S管理"基本原理，在施工现场机械设备管理参照精益品质管理中的机械设备保全内容，通过准时化方法减少建筑工程材料现场堆放数量，提高现场管理质量。强调现场施工效率，减少施工现场的碳排放。

（1）基于6S的低碳管理方法

"6S管理"由"5S管理"扩展而来。"5S"源自日本一种家庭作业方式，是指在生产现场对人员、机器、材料、方法等生产要素进行有效管理。被用于管理企业内部运作，是企业实施现场管理的有效方法。"5S"的基本原理如图4.11所示。

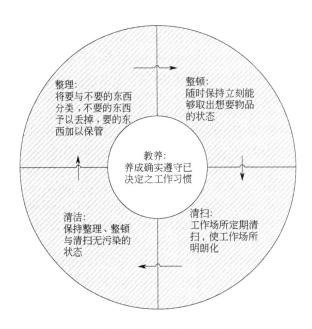

图4.11 "5S"基本原理

后来，根据企业发展需要，在5S的基础上增加了安全（SECURITY），形成了"6S"。"6S管理"应用于施工现场低碳管理时，具体内容可以进一步拓展，如表4.5所示。

施工现场 6S 低碳管理   表 4.5

"6S"管理	具 体 内 容
整理	以必要和不必要区分建设施工现场的物品,去除掉不必要的物品,保留施工必要物品。既节约了物资,又腾出空间,避免空间浪费,营造清洁明了的工作场所,减少现场不必要物品的碳排放
整顿	在规定位置整齐摆放施工现场的必要物品,并加上标识。目的是清除过多的积压物品,营造整齐的工作环境,便于寻找需要物品。减少在寻找物品过程中所需要的人力资源,减少积压物品的碳排放
清扫	全面清扫建设项目施工现场,保持亮丽、干净的工作环境;以防止施工现场产生工业伤害,维持建设项目的高品质。减少现场扬尘等污染,减少碳排放
清洁	持续清扫、整理、整顿,形成制度,使环境外在美观的状态得以维持,使施工现场明亮清爽,以维持上述"3S"成果
素养	施工现场的每位工作人员应积极主动遵守现场规则,培养好的工作习惯,以营造良好的团队精神。团结协作,各司其职,养成低碳建造的习惯
安全	对施工现场的所有工作人员开展安全教育,时刻将安全放在第一位,防患于未然,以建立安全的生产环境,安全地开展工作。只有保证施工人员的安全,才能更好地实施低碳施工

（2）以环境为主题的低碳 4S 管理

1）提高空间利用率—场地规划与安排

施工现场管理的另一个重要内容是合理布置施工平面。施工现场平面图应简明易懂,让每位工作人员都能明确现场布局,更重要的是对施工现场进行功能区域规划。如搭设临时设施、安装机械设备、堆放材料构件、铺设水电线路等功能区域,都应在施工现场平面图进行详细地规划。

要实现低碳施工,工程施工平面图设计要科学合理,物料器具堆放等场地要准确定位,现场场容要规范。设计、布置、使用和管理施工平面图的要求是：结合工程项目施工实际条件,严格落实施工方案设计和施工进度计划要求,在指定用地范围内进行合理布局。按已审批的施工平面图和划定的位置进行物料器具布置。根据不同物料器具的特点和性质,规范布置的方式与要求,执行有关管理标准。在施工现场周边按规范要求设置临时防护设施,设置畅通的排水沟渠系统,工地地面应做硬化处理。

【案例 3：北京邮电大学沙河新校区综合实验楼】

由北京建工四建承建的北京邮电大学沙河新校区综合实验楼工程凸显了项目部管理的精细化。项目部准确评估宗地的气候特征、动植物资源、地形地貌等施工现场条件,制订"资源节约、节能降耗、经济适用、永临结合"的施工管理策划，成立绿色施工领导小组，群策群力、集思广益，在施工用水、照明灯具、临设布置等方面实现低碳、绿色，特别是项目部工人大食堂暂设费用就少投入 6 万多元，一年下来节水 50 多吨。

2）减小施工现场污染——降噪减尘

低碳施工中出现的噪声和扬尘问题有违低碳建造之本意。不少地方强制要求，现场噪声排放不得超过国家标准《建筑施工场界噪声排放标准》的规定。施工强噪声设备设置在远离居民区的一侧，圆盘锯、切割机采用废旧模板或旧彩钢板房进行封闭。

此外，合理安排进度，避免夜间施工，土方开挖夜间施工次数不超过 20％，混凝土夜间施工次数不超过混凝土振捣次数的 5％，装修阶段避免夜间施工。运输材料的车辆进入施工现场，严禁鸣笛，夜间装卸材料次数不超过总次数的 10％，装卸材料应做到轻拿轻放。夜间施工前应与附近居民进行沟通，避免施工噪声投诉。

许多施工现场要求目测无扬尘，扬尘治理也充满低碳思维。有些企业的做法是：在现场设置洒水车，生活办公区每天洒水一次，确实可以降低粉尘排放量。砂石堆场采用双层安全网封闭覆盖，木工加工固定封闭场所，采用废旧模板或旧的彩钢板进行封闭，严禁木工到施工楼层加工。外架采用密目安全网，每步架设踢脚板和毛竹片竖向围护。土方尽量做到集中堆放，土方开挖阶段，土方、尘土、泥沙和建筑垃圾运输必须采用密闭式运输车辆。外运废模板等车辆必须采用覆盖措施。现场车辆出入口设置冲洗设施。这些努力和尝试如果过度，也就违背低碳建造之原理，造成资源和能源浪费。

【案例 4：北京理工大学项目】

中建八局承建的北京理工大学项目创新了一系列绿色施工技术，如研制"自动喷雾降尘系统"，以解决建筑施工现场扬尘问题。由于"自动喷雾系统"喷洒水雾将灰尘牢牢锁定，该项目施工现场清凉通畅。在传统施工中，施工现场一般采用人工洒水降尘，整个现场洒水下来需要几个小时，且无法控制升到空中的粉尘，既浪费人力，还使施工现场成为倍受诟病的环境污染源。

【案例 5：青岛市立医院东院绿色低碳建设】

青岛市立医院东院在施工现场设有专门的加工废料池、垃圾分类室等垃圾处理设施，回收再利用现场垃圾。为防治土石方开挖和基坑支护钻孔产生的扬尘，采用由沉淀池、水泵、管道、可调节式雾化喷头组成的喷淋洒水降尘系统。同时，全面跟进裸土覆盖、道路硬化、车辆冲洗等措施，扬尘抑制效率明显提高。合理安排工序，尽量减少夜间施工，规定进入现场车辆禁止鸣笛，并在噪声敏感区域设置监测点，实现噪声监测动态控制。现场除通过调整大灯方向及角度实现光污染控制外，还配有不锈钢挡光箱，有效避免电焊弧光外泄。该工程各项污染防治措施颇具成效，既保证正常施工建设，又极大减轻扬尘、噪声等污染。

（3）以人为本的低碳 2S 管理

以人为本的施工现场低碳"2S 管理"，要求对施工现场全体工作人员开展节能减排和自然环境保护等方面的宣传教育，提高工地工作人员低碳意识，提高资源利用率，减少排污量。

施工现场要结合工程特点，有针对性地对低碳施工开展宣传工作，通过宣传营造低碳施工氛围。采取有效的职业病防护措施，为作业人员提供必备的防护用品，对从事有职业病危害作业的人员定期进行体检和培训。结合季节特点，做好作业人员的饮食卫生和防暑降温、防寒保暖、防疫工作。

1）低碳宣传

在施工现场有必要进行一定的低碳宣传，包括在醒目的位置张贴标示、举行相关的培训宣传活动等（图 4.12）。

  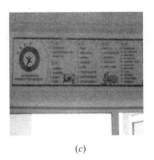

（a）　　　　　　　　（b）　　　　　　　　（c）

图 4.12　低碳宣传

（a）标识；（b）培训；（c）举办相关活动

①标识。在建设施工现场工地广告宣传栏张贴环境保护与节能宣传专栏，提高大家的环保节能意识。在水龙头、电开关处贴上"随手关灯""及时关水"的宣传标语。宣传栏每月有低碳施工的相关图片和内容展示，适时更新。

②培训。比如，了解施工现场的具体情况后，定期对员工进行低碳节能相关培训，增强员工低碳意识，让每一个员工从自身做起，节约每一张纸、每一滴水、每一度电。

③举办相关活动。以低碳意识为主题举行各种相关的活动。如知识竞赛、专题讲座、辩论赛等活动，帮助员工逐步养成低碳意识，形成节约资源的习惯。

2）培养良好的低碳文化

良好的低碳文化可以帮助企业节省大量成本并节约资源能源。现阶段，现场施工中，低碳执行力不强的原因就在于职工的不良习惯。只要从文化角度入手，改变人的行为习惯，从自身开始，改变容易引起浪费与污染的不良习惯，低碳化现场管理目标一定可以成为现实。

①随手关闭水龙头

"滴水"虽然是个小的漏水情况，但累积起来对水的浪费是惊人的，连续滴水 1h 能够达到 3kg 左右的水量，如果滴水一个月 2t 左右的水就会白白浪费，这可以满足一个人的日常用水需要。如果是水龙头没关好造成的细小水流，每小时会有 17kg 水被浪费，每月浪费水量可达 10 多吨，"大水流"情况造成的水浪费就更不用提。因此，低碳文化从随用随关水龙头开始。

②复印机、计算机等设备不工作时及时关闭电源

应将具体的开机、关机时间贴在建设施工现场中的大功率电器旁边，对使用时间做出严格规定，做到人走电器关，且派人兼职管理各种大功率电器，在没人的情况下不开空调，空调开机过程中做到门窗紧闭。对于长明灯、白天开灯的现象要严令禁止，降低因不必要的待机带来的能源消耗。

③设备选型

除现场的施工器械低碳化，在选购施工现场所需的办公设备时，也应尽可能地从低碳环保角度出发，选择能高效节约资源的设备。例如：节能灯、节水龙头等。采用节能型光源，一方面可以使屋内光线充足，另一方面可以节省 75％的电能。

以往建筑施工灯具全部采用白炽灯、普通日光灯等，且存在长明灯现象，用电浪费现象非常严重。为此，项目施工现场的照明设施全部采用声、光组合控制技术的低能耗 LED 灯。同时，可在大型机械设备上全部安装无功补偿装置，降低能耗。

（4）采用自然光系统

要让自然通风系统以及太阳光在需要通风和照明的场合充分发挥作用，在保护环境的同时还能降低人工照明所需耗电量。在采光照明方面，人工照明和自然光区别不大，均能满足需要。但是自然光还能满足人们的心理需求，这是人工照明所无法达到的。所以，自然采光比人工照明更有优势。此外，将自然光照明充分合理的利用起来，还能使现场工作人员的工作效率得到提高。

【案例 6：青岛市立医院东院绿色低碳建设】

在青岛市立医院东院低碳施工过程中，青岛市城乡建设委建筑工务局积极组织青建集团等参建单位编制低碳施工方案，按照"四节一环保"布局，将施工活动对周边区域造成的不利影响降至最低，取得了良好生态效益。该项目共节约用电 3500 多千瓦时，这与严格的施工现场用电管理制度以及大量节能设备的应用密不可分。项目多个小区域分别安装节能用电设备，各班组进场前要签订用电合同，限时、限量用电。除此之外，项目现场照明全部采用节能设施，建成时节约用电 3.52 万千瓦时，节省电费 5.28 万元。

5 低碳建造与企业管理融合

5.1 用低碳文化强化企业软实力

企业软实力指企业整合和使用企业设施、资本、人员等硬实力的能力，是相对于硬实力而言非物化的企业发展要素。企业软实力表现在企业社会责任、企业文化、企业感召、企业公共关系、企业资源整合等方面。其中，企业文化指企业发展过程中逐步形成和培育起来的具有企业自身特色的企业精神、企业使命、管理理念等，是企业员工普遍认同的价值观、道德观及行为规范。

低碳文化是在应对全球气候变化发展低碳经济的实践过程中，社会群体关于低碳排放的思想、态度、道德、规范等精神要素的总和。狭义的低碳文化是有关温室气体低排放的价值、观念、思想、知识、习俗、信仰的总和。广义的低碳文化还包括低碳技术、低碳设备、低碳制度和低碳行为规范等。低碳文化是环境友好型与资源节约型文化，是为促进可持续发展和环境保护逐步形成的全球性文化[45]。低碳文化能推动社会自然生态价值的实现，摒弃传统的粗放式、攫取式生产方式，提倡节约的、可持续的生产方式，由单纯追求经济利益向兼顾自然、环境和生态利益转变。

粗放的发展模式已成为我国施工企业的竞争劣势，社会的"低碳需求"成为企业可持续发展和拓展国际市场的"碳"壁垒。在低碳经济背景下，社会大众逐渐选择低碳环保产品。施工企业必须摒弃以破坏环境和消耗资源为代价的生产方式，追求以人与自然和谐发展和保护生态环境作为企业发展理念，构建低碳文化、低碳施工的品牌形象。在低碳企业文化的导向作用下，建筑企业在战略、组织、研发、生产、营销、投资等各个环节都会产生"绿色效应"，可以增强企业

---

[45]顾健. 我国低碳文化建设的现状及其对策研究 [D]. 南京工业大学，2014.

的核心竞争力。

1. 低碳文化价值

（1）文化导向

低碳文化的核心是低碳价值观。具体而言，施工企业用低碳理念来管控生产经营，研发低碳技术，不断优化生产方式，形成节约资源和保护环境的生产格局。企业员工潜移默化地形成低碳价值观，养成低碳思维方式，遵循低碳管理模式，开展低碳施工活动。此外，施工企业生产低碳产品，倡导低碳消费和低碳生活，有利于营造节约、环保、绿色的生活方式和消费方式。

（2）形象塑造

企业形象是决定企业生存和发展的关键因素之一，是在激烈的市场竞争中取胜的利器。构建低碳文化，施工企业要加快低碳技术创新，培养低碳技术人才和施工团队，开展低碳经济相关的科技攻关，提高资源利用效率。促使施工企业在建造过程中落实低碳建造，提供低碳建筑产品，有利于企业塑造良好的低碳形象，赢得社会的认可。

（3）节约成本

从资源节约和清洁生产角度出发，在施工企业内形成低碳文化氛围，有利于统一认知，调动积极性，降低生产和运营成本。低碳企业文化要求施工企业在原材料选购、施工工艺流程设计、运营维护及废弃物回收处理各阶段使用低碳、精细、节约的生产方式和营销方式。施工企业有效落实低碳生产方式，能减少碳排放，降低总体成本。

（4）管理约束

管理约束指低碳文化对施工企业员工的思想和行为具有一定约束和规范作用。随着施工企业的成长和规模扩大，管理往往变得更加复杂。如何让企业员工进行低碳生产，不再沿用粗放型生产方式？既要依靠完善的企业管理制度来规范和约束员工行为，也要依靠企业的低碳文化使员工自觉地以低碳方式进行施工。

（5）社会导向

企业是社会的细胞，企业文化是社会文化的重要组成部分。企业文化一旦形成，不仅在企业内部发挥正向作用，也会对社会产生积极影响。施工企业通过与外界的沟通交流、提供优质的低碳产品等方式，将低碳、环保、可持续的理念传递到整个社会中，有助于全社会低碳文化建设。低碳建筑已获得建筑业的广泛认可，不仅在节能减排上"俘获人心"，在健康舒适方面也比普通建筑更胜一筹。在低碳建筑迅速发展的同时，低碳施工也日益要求节能、高效、环保、舒适的方向发展。

2. 低碳文化与社会责任

（1）企业社会责任

1924 年，英国学者欧利文·谢尔顿指出，企业不应把最大限度地为股东赢利作为自身存在的唯一目的，还应最大限度地为所有利益相关者创造利益。企业不仅要追求自身经济利益，实现股东利润最大化，还要兼顾利益相关者（如股东、员工、顾客、债权人、贸易伙伴等）的利益，要兼顾公益（如促进本地社区发展、弱势群体帮扶、受灾民众救助等）及保护生态环境。

履行社会责任是现代企业可持续发展的必然要求。传统发展观以物质财富的增长为核心，以增长为目的，忽视社会责任及社会整体的发展，在创造工业文明的同时，引发人口、资源、环境与经济问题。企业应积极承担社会责任，在享受社会发展赋予的机遇和利益的同时，用行动回报社会。

1）经济责任

尽管企业社会责任的研究存在诸多争议的地方，但普遍认为：创造利润是企业主要的社会责任，是企业创立的重要原因。低碳经济要求施工企业在创造利润的同时，要考虑对环境的影响，不能片面追求自身利润最大化。施工企业有责任为经济和社会的发展做出贡献，在实施产品战略时要考虑产品生产、物流运输及产品销售过程中的碳排放情况，有针对性地采取措施降低建筑产品生产经营碳排放。

2）道德责任

企业道德责任超越法律和经济要求，关系到社会的长远目标。低碳经济要求施工企业在低碳生产经营过程中承担道德责任，这可能会影响企业短期效益，如采用新节能施工机械和设备占用大笔资金、节能建筑设计耗用一定的研发时间和成本、跟踪低碳建筑产品供应链中碳足迹要求有相应的设备支持及管理制度改革等。施工企业是否承担道德责任，能否承受低碳建造造成的短期利润负影响，努力降低施工生产碳排放，将对社会、环境产生实质影响。在此背景下，施工企业所承担的道德责任就显得尤为重要。

3）法律责任

企业法律责任指企业在经营过程中必须遵守相关法律法规。为实现低碳目标，很多施工企业不断创新产品设计，但创新要保证产品性能，不能因节省资源耗费而降低产品品质。

4）慈善责任

企业承担慈善责任表现在实现利润最大化的同时，将资金或服务用于利益相关者，增加社会福利。低碳经济模式下，企业自愿承担慈善责任，积极参与社会公益事业，尽一己之力减小社会贫富差距、缓解社会矛盾。施工企业承担慈善责任，其慈善行动将提高声誉、增强员工忠诚度，塑造良好的品牌形象，对防范市场风险也会起到一定的积极作用。

5）环境责任

企业的环境责任与经济利益密切相关，是现代企业的竞争动力。施工企业应将环境责任落实到生产经营的各环节，如倡导环保设计，加强产品全寿命周期的环保管理，实行清洁生产，节能降耗。在施工企业内部建立环保考核制度，制定环保绩效考核标准，通过各种宣传、教育活动，强化员工的环境责任感。

（2）施工企业的低碳责任

传统的社会责任一般以经济责任和法律责任为主，随着社会经济的不断发展，社会责任向多元化发展，道德责任和环境责任逐渐为越来越多的企业所重视。低碳责任是环境责任的一部分，与道德责任相似。从施工企业角度看，优秀的企业道德品质能够确保施工企业在激烈的市场竞争中，赢得信任与支持。施工企业积极承担低碳责任是低碳文化建设的关键，而展现优良的企业道德品质，落脚点是要摒弃以牺牲社会利益为代价的发展模式，见图5.1。

【案例1：中国交通建设股份有限公司】

中国交通建设股份有限公司在落实自身社会责任时，将之分为市场责任、客户责任、员工责任和环境责任：

（1）市场责任，促进经济发展。在国内建筑市场整体萎缩的形势下，公司深挖传统市场潜力，加强资源统筹，巩固市场优势地位；深化产融结合，先后成立租赁公司、基金公司、金融管理部、全面推进金融创新，利用金融

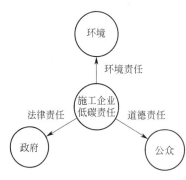

图 5.1　施工企业的低碳责任

杠杆积极筹资；在更大范围、更高层次进行资本运作，启动资本运作新引擎，为公司发展提供新动力。例如，公司投资建设云南新昆嵩、曲宣、蒙文砚 3 条高速公路，投资总额约 321 亿元，建设里程约 294km，按照"整体打包"原则，以"BOT＋EPC＋地方政府补贴"模式投资建设。

（2）客户责任，推动行业进步。坚持"质量零缺陷、管理零起点"理念，以质量创优为先导，建立健全的质量管理体系。2014 年全年交工验收项目 560 项，一次合格率100％；竣工项目 154 项，优良项目 36 项，参与优良评定的项目优秀率100％。重视科技创新工作，始终把科技创新放在驱动企业发展、带动战略转型的核心地位。例如，西筑公司成立关爱用户小组，组织实施"用户关爱行动"，为客户提供产品全寿命周期跟踪服务，将"呼叫服务"变为"主动服务"，及时解决客户问题，受到客户一致好评。

（3）员工责任，实现和谐共赢。坚持以人为本，维护员工权益，为员工打造发展平台，积极构建和谐劳动关系，让员工共享企业发展成果。保障员工的知情权、监督权和参与决策权，充分发挥员工的民主管理。建立健全农民工劳动报酬支付监控制度，保障农民工权益。

（4）环境责任，打造绿色生态。认真贯彻国家对节能减排的各项要求，完善环保制度，深入推进绿色治理、绿色办公、绿色采购、绿色科技、绿色耗能，建设绿色生态项目，发展绿色循环经济，积极开展"绿色基层"活动，宣传低碳文化；坚持把环保节能工作融入生产经营管理和项目建设全过程，完善《环境保护管理办法》、《安全环保考核办法》等管理和考核制度。例如，第二公路工程局华盟公司应用"泡沫沥青冷再生"低碳养护技术，既节约成本，减少碳排放，又少占用土地。

3. 低碳文化建设

企业文化建设包括"精神层、制度层、行为层和物质层"四个层面，但核心是"精神层"，反映在"企业使命、企业远景、核心价值观、经营哲学、管理理念"等。"制度层、行为层和物质层"都围绕"精神层"展开，是"精神层"的具体落实。

（1）物质层建设

这是企业内部低碳意识与低碳管理方式的物质化表现，也是其他文化层建设的物质基础。低碳文化物质因素能传递低碳文化理念、增强员工的共同认知与社会责任感。施工企业低碳文化物质层主要包括生产产品、生产技术、生产环境及经营目标等方面。

低碳建筑产品将推进施工企业的技术创新，既符合环保消费，长远来看，也能节约资源，增强施工企业核心竞争优势。施工企业从实际出发，研发使用低碳建筑材料，开发低碳技术，建造令业主满意的低碳建筑产品。施工企业对施工现场及办公环境进行整治，如治理施工现场污染物排放，关注建筑材料及施工机械设备的节能性能，尽可能选择低碳环保材料、机械、施工工艺等。低碳化生产办公环境使员工感到清洁与舒适，浓郁的低碳文化氛围增强企业成员的低碳文化认知。

（2）行为层建设

企业低碳文化的行为层包括企业形象、作风及行为。企业形象是企业气质与文化的体现。良好的企业形象表明公众与组织成员对企业的认可，帮助企业获得信任、支持和社会资源。

施工企业增强员工的低碳文化认知，在工作及生活中落实低碳精神，进而规范企业自身作风及行为，是施工企业低碳文化建设的重点之一。企业管理者的行为会对员工起到潜移默化的引导作用，管理者应有意识地引导员工行为，如履行低碳行为、关注低碳环保问题、宣传低碳技术和低碳知识。

（3）制度层建设

企业制度是塑造企业精神与约束企业行为的强制性保障，与企业内部社会资源有着正向联系。在施工企业内做好低碳文化制度层建设，可以从如下三方面入手。

1）建立低碳管理部门，全面开展低碳生产管理。赋予该部门必要的权限，如参与低碳产品研发决策，设计阶段选择低碳建筑材料、施工阶段选择低碳机械设备，对其他部门进行低碳生产监督和考核，落实企业低碳文化建设。

2）完善企业内部流程。梳理低碳生产经营流程，制定低碳生产规范和建筑产品的低碳标准，使低碳文化落实在具体生产流程中。如修订建筑产品的建造规范及流程，采用低碳施工工艺，优化设计建造流水作业。

3）建立低碳导向的管理规章制度、奖惩机制和考核体系，构建建筑物碳排放计算系统和建筑材料碳排放数据库。控制施工生产中的高消耗、高排放行为，如将低碳绩效和低碳行为作为考核要点。建立低碳评估体系，确定低碳生产指标，评价建造行为对社会生态的影响。

（4）精神层建设

企业低碳文化精神层需要企业的长期经营，其内涵是以低碳为中心的共同信念、价值观及精神风貌等。

培养员工的自觉行为，增强他们的低碳意识与价值观，让节约资（能）源的思维根植于员工的意识中。企业管理者作为领头人，其文化素质及修养对员工的影响巨大，应以自身行为带动低碳企业文化的建设。企业管理者在日常工作中应体现低碳意识，关注环保，奖励员工的低碳环保行为，对员工表现出恰当的关怀与信任，为低碳文化的建设营造良好环境。

5.2　低碳竞争力与低碳战略

低碳经济是当今世界发展新规则之一，当碳排放成为一种全新的价值衡量标准时，从企业到国家都需做出改变。随着低碳经济不断发展，施工企业发展面临众多挑战，打造低碳企业竞争力是实现可持续发展的必然选择。

1. 低碳竞争力引导施工企业发展

低碳竞争力日益成为企业核心竞争力，是企业借助低碳经济促进生存与发展的关键。虽然高碳或低碳并不会影响行业竞争的本质，但在企业竞争力演化过程中，高碳注定施工企业难以为继，低碳将为施工企业创造更多的亮点。事实上，施工企业目前的生产、经营活动与竞争中已经体现出越来越多的"碳"因素。

低碳竞争力是传统企业竞争力的延伸，施工企业低碳生产和经营，从全寿命周期减少产品和服务的碳排放，提高碳效率，获得"竞争力增量"。低碳经济正逐步发展为未来经济的主要形态，未来的企业竞争很可能是低碳能力的竞争。为此，施工企业竞争力培育的焦点要集中在提高"低碳"能力，获取竞争优势和收益。"竞争力增量"可以让劣势企业占据优势，让占据市场的企业巩固其市场地位，供应商和客户将倾向于选择有"低碳优势"的施工企业，拥有低碳优势的施工企业将取代传统施工企业。

（1）低碳竞争力层层观

施工企业低碳竞争力指在可持续建造过程中，企业不断提升低碳施工技术和创新低碳化管理制度，从生产、经营、管理、组织等层面导入低碳战略，进行结构调整，提升企业竞争力。

从宏观环境来看，施工企业低碳竞争力与外部环境关系密切，是外部环境变化的产物。外部环境包括政府政策、制度环境、法律环境、市场环境、行业环境、技术环境、能源环境、教育和文化环境等，这些因素都将影响施工企业低碳竞争力的培育。

从微观企业来看，施工企业低碳竞争力是在可持续发展理念的指导下，经历长期的磨炼，在生产、经营过程中逐渐积累起来的能力。施工企业低碳竞争力是在原有的和新的资源、能源、低碳技术、低碳管理制度等要素的综合作用下形成的低碳能力组合，是一种比较能力或比较生产力。一是比传统企业竞争力的生产效率更高、生产成本更低廉、生产经营理念更环保、生产经营方式更清洁、市场前景更广阔。二是比竞争对手具备更优越的低碳技术研发能力、低碳制造流程和低碳建造工艺改进能力、低碳建筑市场开拓能力、良好的低碳企业形象和品牌感染力。

（2）低碳竞争力助推企业成长，攻防兼备

在经济全球化形势下，科学技术突飞猛进，建筑市场的产品理念和生产技术更新极快，只有培育和发展低碳竞争力，才能抢占发展先机。

1）助成长

施工企业低碳竞争力要求企业不断提高技术创新。谁掌握低碳建筑技术，谁就拥有主动权。如今，全球化和城市化是不可逆转的发展趋势，城市建设面临着能源短缺、环境恶化的双重危机。为了实现城市的可持续发展，追求绿色低碳的城市建设势在必行，这为低碳建筑市场提供了良好的机会。低碳竞争力促进施工企业成长，助其更好地占领市场、获得业主和客户青睐。

2）守一树企业壁垒

建筑市场门槛较低，其他行业的企业可以便利地进入建筑市场。建筑市场竞争强度与日俱增，施工企业只有形成自己的核心竞争力，才能巩固自身的市场地位。如果施工企业先人一步，培养低碳竞争力，尽早占领低碳高地，低碳竞争力越强，越能给竞争对手构成竞争壁垒，既可为施工企业开展有效的进攻性营销活动提供良好的营销基础，也有利于向竞争对手发出强烈的市场竞争警告。

3）攻—破国际碳壁垒

碳壁垒已广泛存在于各产业中，尤其是国际贸易和建筑领域。拥有低碳技术和低碳产品的施工企业将占据优势，无法实现低碳产品和低碳技术者将处于劣势，不符合环保要求的产品将被淘汰，这已成为国际建筑市场的发展趋势。发达国家借助自身的先进技术和经济优势，在规则许可的范围内制定苛刻的技术标准、技术法规和技术论证制度，形成发展中国家及落后国家发展的碳壁垒。如欧盟关于技术协调和标准化的新方法决议中的建筑产品指令要求，建筑产品必须取得欧洲统一的产品强制认证标记，方可在欧洲市场自由流通。施工企业要走向国际化，就必须发展企业低碳竞争力，借助强劲的低碳竞争力进入国际市场。

（3）低碳竞争力提升—低碳战略

施工企业低碳竞争力的形成不仅依靠施工企业自身，还需要政府、科研机构、高等院校、中介机构等组织的支持。促进企业低碳竞争力演化的要素包括参与者、低碳能源、低碳技术、低碳发展资金、低碳管理和低碳文化，各要素综合作用，共同实现企业低排放、低污染、低能耗运作。施工企业要提升低碳竞争力，实施低碳战略，需要整合各要素，充分调动参与者的主观能动性。

施工企业核心竞争力是其保持长久竞争优势的源泉。施工企业要在低碳经济下提升竞争力，须提升市场应变能力，调整发展战略，着重提升企业低碳战略管理。然而，战略调整必然会对企业生产、经营带来挑战，并且会增加企业的成本。因此，柔性低碳战略需要非常规技术、有机结构和创新文化的共同支撑，包括生产系统柔性、营销系统柔性、财务系统柔性等。在组织结构上采取扁平化、弹性结构，缩短中间管理层次和信息传递路线，推行弹性预算、灵活决策等适应性强的管理方式。

如图 5.2，施工企业实施低碳战略可结合自身情况，将低碳理念引入发展全局中，形成低碳竞争战略。以技术研发和制度调整为载体，以技术创新和制度创新为核心，进行产业结构调整和规划、低碳科学技术创新、人员素质培养、文化品牌构建，不断创新直至形成低碳竞争力。

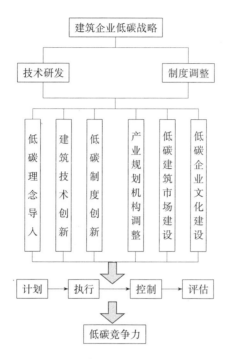

图 5.2 建筑业企业低碳战略

2. 低碳发展战略的分析与选择

（1）低碳建造企业之 SWOT 分析

SWOT 分析旨在确定企业的优势、劣势、机会和威胁，将企业战略与企业内部资源、外部环境有机结合。开展 SWOT 分析有利于施工企业综合分析内外部环境，制定更加全面的低碳战略计划。在低碳建造大环境下，施工企业作为建筑业重要的参与主体，在很多方面受到低碳发展趋势的影响。

1）外部环境—机会（O）

国内经济平稳发展，建筑业总产值持续增长，为施工低碳化提供了稳定的外部环境，降低企业低碳发展风险，具体可以从以下几方面看出来：

从建筑业上下游来看，上游产业（从设计到建材生产）都在向低碳化发展，下游的建筑垃圾处理产业对建筑中、上游产业提出更高的低碳环保要求。施工企业承受着上、下游产业的低碳压力，须走低碳化发展之路，共同构建低碳建筑产业链。从技术支撑来看，随着低碳施工技术的攻坚克难和信息技术的应用普及，施工技术和管理手段均有很大的提升，施工技术对低碳施工的影响和促进将不断加深。从政策扶持来看，我国《绿色施工导则》表明了国家对低碳施工的发展决心和扶持态度，是我国施工低碳化发展的政策支撑。

从国内外环境来看，我国施工企业的外包业务量正逐年增加，但随着国际"碳"管理制度和政策的逐步健全，我国施工企业将面临更高的市场准入要求，所以应着力提升自身的低碳能力以应对国际市场的高要求。从消费者意识来看，人们追求绿色、低碳、健康的居住环境，低碳消费理念渐入人心，为低碳建筑产品创造了庞大的市场需求。

2）外部环境—威胁（T）

近年来，我国政府对建筑业进行数次宏观调控，建筑业发展速度变缓，行业利润普遍下降，在一定程度上影响了施工企业低碳发展的积极性。低碳发展使施工企业面临着更多的挑战和威胁。低碳经济的兴起时间尚短，尚未建立、健全相关的金融体系和政策体系，对于低碳施工的政策激励和推动不足，施工企业低碳化面临着高风险、低保障。从国内外环境来看，美、法等国拟征收"碳关税"，对高能耗进口产品征收二氧化碳排放特别关税。当前，新一轮贸易保护主义出现抬头趋势，我国施工企业走向海外若不改变传统的高碳排放生产现状，国际化之路势必更加坎坷。

3）内部环境—优势（S）

施工企业承担施工建设任务，高水平的专业化程度有利于企业制定适宜的低碳发展战略，在实现低碳目标的过程中更加便利地集中人力、物力和财力，提高资源利用率和企业的低碳声誉。随着管理理念的更新和技术、资金、劳动力的发展，施工企业需要对资金、资产等生产要素进行重新配置、整顿和重组，结合可持续管理理念探索新的生产经营模式。

我国建筑业的市场化体制已建立，市场竞争机制促使建筑行业快速发展。我国承诺在 2020 年碳排放强度比 2005 年下降 40%～45%，但在目前的背景下，施工过程碳排放量仍然巨大，资源浪费情况严重，有很大的减排空间。

4）内部环境—劣势（W）

施工企业尽管有低碳化发展的优势，但受到现有模式的限制，实施低碳战略也面临着诸多劣势。施工企业的发展模式仍然比较粗放，要实现低碳化发展，需要集约、精细的建造方式。企业管理机构设置不合理、高端人才不充足、企业文化建设薄弱、企业设备物资管理能力差、新型技术应用不充分且应用层次低等都反映出其发展低碳施工的劣势。

低碳发展目标与企业自身发展模式的不匹配是阻碍施工企业低碳化的根本原因。要实现施工低碳化，势必需要新的技术、材料和设备，投入大量资金和资源。目前，施工企业的融资能力相对较弱，融资策略不科学，可选择的融资途径和融资金额有限，企业内部财务管理不合理，资金占用量大、周转速度慢、后备资金准备不足，这些因素限制了施工企业的低碳发展。

（2）施工企业低碳战略选择

根据 SWOT 分析的逻辑体系，结合政策、经济等方面，对我国施工企业所处的外部环境和内部环境进行归纳分析，可以整理得到我国施工企业低碳发展的优势和劣势、外部机会和威胁，如表 5.1 所示。

施工企业低碳发展 SWOT　　　　　　　　表 5.1

优势（S）	劣势（W）
经营专业化程度高；	发展模式粗放,融资能力较弱；
资源与结构重组,市场化转型初见成效；	对分包企业的设备和物资管理能力差；
碳排放量大,减排空间大；	信息化和标准化建设不够重视；
寻求经济、社会、环境和谐、可持续发展模式；	机构设置不合理,制度执行力低；
	高端人才匮乏,人才结构不合理；
机会（O）	威胁（T）
新型建筑技术及建筑工艺的涌现；	经济增长放缓,建筑业发展放缓；
建筑产业化趋势明显；	国家对建筑市场的宏观调控,建筑业利润降低；
低碳经济、低碳建筑成为未来发展趋势；	行业环境不规范、立法滞后现象严重；
外包合同逐年递增；	建筑行业融资、贷款难度加大；
建筑行业法规制度和现代管理制度的完善和推行；	建筑材料价格波动；

施工企业在面临新的机遇与威胁时，结合自身的优势与劣势，一般有四种发展战略，即：优势——机会（SO）组合、弱点——机会（WO）组合、优势

——威胁（ST）组合和弱点——威胁（WT）组合（图 5.3）。

图 5.3 施工企业发展 SWOT 分析图

通过上述环境分析可以发现，支持施工企业低碳发展的外部机会充足，我国建筑行业逐步成熟，新技术、数字化技术的研发和应用将极大地推动施工企业低碳发展。就企业内部环境而言，低碳发展劣势明显，其融资能力、管理技术等方面有待提高，内部环境需要进一步优化。施工企业在战略层面要抓住外界环境机会，克服自身劣势，构建低碳竞争战略。施工企业由高碳向低碳发展，实现产品低碳特质化和服务多样化，通过碳管理进入碳交易、碳金融市场，是施工企业在低碳形势下进行业务转型的表现。

（3）施工企业低碳战略重心

施工企业低碳战略涉及企业管理的方方面面，包括生产管理、市场管理、营销管理、财务管理、人力资源管理等。由于资源约束，企业要结合自身发展状况和战略目标，明确战略重心，从解决重点问题入手，形成企业阶段性低碳战略。

技术创新是构建施工企业竞争战略的基础。可借助外部的技术发展条件，制定和管理自身技术战略，增强自身的技术竞争优势。在低碳趋势下，建筑业要实现产业一体化、集约化、上、下游协调合作。目前建筑市场竞争激烈，施工企业要更好地营销自己，吸引优质高效的合作伙伴，形成企业群联盟优势，并在合作过程中赢得发展先机。融资为施工企业输送新鲜"血液"，是生产经营的必要条件。随着低碳经济的兴起，碳金融将引导和制约着施工企业的融资行为，融资的速度和规模决定着企业的胜负。

在低碳发展形势下，施工企业低碳战略的重心是以技术创新为主的低碳技术战略、以提升企业形象为主的低碳营销战略、以增强企业资金运作能力为主的低碳财务战略和以提倡产业合作的低碳供应链战略。

5.3 低碳技术研发

1. 资源约束下的新重点—技术研发

有人说，人类对传统技术的滥用是导致自然生态环境破坏原因之一，在建筑业是否如此呢？

（1）技术—低碳敲门砖

"发展低碳技术，实现低碳经济"符合人与自然和谐发展的理念。仅仅是低碳理念上的契合是不够的。古往今来，技术发展可以催生各种理念，而低碳理念建立在科学技术不断进步的基础上。

低碳技术打开低碳发展大门，是实现低碳发展的基石，没有低碳技术就没有低碳发展。失去低碳技术的支撑，施工企业的低碳理念就难以落地。发展低碳技术是对传统技术的巨大挑战，是兼顾社会和谐与生态平衡的可持续发展模式，是实现低碳经济发展的必经之路。

2006 年，建设部发布了《节能省地型建筑推广应用技术目录》用于大力发展节能省地型建筑，加强引导建设领域技术发展。从推荐的 221 项技术中评出 152 项技术。其中，建筑节能技术 61 项、建筑节地技术 18 项、建筑节水技术 20 项、建筑节材技术 33 项、环境保障技术 10 项、信息化技术 10 项。

节能技术包括新型保温隔热技术、节能门窗及幕墙技术、供暖和空调节能与计量技术、可再生能源利用技术和照明节能技术。节地技术包括建筑新型结构技术和岩土工程应用技术。节水技术包括新型给水排水管道系统及节水器具、雨水利用技术和生活污水处理技术。节材技术有高强高性能混凝土技术、钢筋工程应用技术、资源综合利用技术、其他新型建材技术。环保技术有室内环境技术、居住区垃圾处理技术和其他处理装置。信息化技术包括计算机辅助设计、计算机辅助管理、智能控制。

节能省地型建筑技术推广目录为落实低碳建造提供了借鉴，低碳技术将从建筑规划设计、建筑结构、建材和设备选用、施工工艺、资源能源利用、建筑信息化等与建筑相关的各方面落实低碳理念，是实现低碳建造的基础和保障，是建筑业低碳发展的敲门砖。

（2）低碳施工技术硬骨头

近年来，我国低碳施工技术发展迅速，在技术研发及应用方面取得了一定成效；但在核心技术、技术引进和技术转让等方面还有很多问题亟待解决。

1）技术路线锁定

"锁定效应"是产业集群在其生命周期演进过程中产生的一种"路径依赖"现象，或者技术路线锁定。事实上，低碳施工技术、施工工艺、机械设备、配套设施的使用年限一般较长，使用期间轻易废弃的代价和成本高，适宜在原有基础上进行工艺、技术路线的改进和优化。

英国提出低碳经济后，相应地提高了技术标准，数十家燃煤电厂及核电站由于"技术锁定"而寿终正寝。中国在低碳建设中也出现了类似问题，如施工过程中使用的强夯机、铲运机等大型机械，很多施工企业都不愿在使用寿命期内轻易废弃。中国缺少更新设备所需的资金与技术，"技术锁定"约束我国低碳技术的发展。在低碳技术创新应用的过程中，要改进传统技术的弊端，推广先进的技术和产品，发挥国家决策和国际合作的作用，综合解决资金和技术难题，避免技术路线锁定对技术创新的不利影响。

2）核心低碳技术过度依赖国外

我国低碳技术发展面临的最大障碍是大部分核心技术需从国外引进。在快速发展的产业规模背后，关键性技术和专利大多被发达国家掌握。联合国开发计划署在《迈向低碳经济和社会的可持续未来》的发展报告中指出："中国要实现未来低碳经济的目标至少需要六十多种骨干技术支持，其中有四十多种中国目前还未掌握"。[46]我国目前的低碳施工技术水平虽进步很大，但技术水平、技术含量、技术附加值和低碳建筑产品竞争力等方面和发达国家相差甚远，在低碳建筑设计及低碳施工技术研发方面和发达国家相比处于低端位置。

3）低碳技术引进和转让困难

---

[46]黄应来. 中国70％低碳核心技术需进口［N］. 南方日报，2010-06-09.

发达国家低碳技术研发及应用已取得了重要成果,尽管《联合国气候变化框架公约》规定发达国家有向发展中国家提供低碳技术转让的义务,但一些公司出于利益的考虑,担心向发展中国家提供技术会增加自己的竞争对手,丧失其垄断地位。于是"通过设定高额的技术转让费、技术型人才培训和知识产权等手段,干预低碳技术转让"[47]。我国的低碳技术水平和发达国家存在一定的差距,自身研发能力有待提高。尽管我国不断引进风能、太阳能和核能等先进的低碳能源技术,但高额的技术转让费用、苛刻的知识产权转让条件和发达国家的种种限制使我国低碳技术引进和转让困难重重。

在自然资源约束和低碳技术研发能力不足的限制下,我国低碳建造技术尚不成熟,低碳建造技术的研发和引进困难,我国建筑企业应加强低碳建造技术研发的主动性和积极性,以培育我国建造企业未来的低碳优势。

2. 后发优势下的技术研发新模式

后发优势指相对于先进入行业的企业,后进入者由于较晚进入而获得先动企业不具有的竞争优势,通过观察先动者的行动及效果来减少自身面临的不确定性,采取相应行动获得更多的市场份额。

(1)引进、吸收、创新、渐进

施工企业科技创新和科技进步不应闭门造车。国外低碳建筑技术较我国成熟,我国企业可以借鉴美国、欧洲等发达国家和地区的经验,对引进的低碳技术项目加强消化、吸收、改进和提高,缩短低碳技术的研发周期,规避低碳技术开发风险。

如德国朗诗集团在其绿色建筑研发基地建设的"布鲁克"被动房项目,由朗诗科技与德国被动房研究所、德国能源署合作建设而成,该项目完全按照德国的被动房设计理念和建造方法修建而成。在设计技术和保温隔热材料方面,都使用了国际先进技术。作为集团的研究样本,研发基地在该项目建成后对项目运行进行监控,持续收集项目建设和运营中的数据,为针对中国自身的气候和资源特点的低碳绿色技术改进、研发提供相关实验数据。

(2)产、学、研结合

随着绿色低碳概念的兴起,我国培养了一批绿色建筑技术人才。国内部分高

---

[47] 张坤民,潘家华,崔大鹏. 低碳经济论 [M]. 北京:中国环境科学出版社,2008:135.

校已设置绿色建筑技术专业，专业绿色建筑技术人才的增加为我国发挥后发优势提供了坚实的后盾。在自主研发方面，要弥补目前大多数施工企业中缺乏高水平技术科研队伍和资金支持的缺陷，将企业、学校与研究所各自具有的优质资源聚集起来，共同推动低碳建筑技术研发。产学研结合模式要求企业、高等院校和科研机构围绕低碳建造进行技术创新，促进建筑业产业升级和转型，以国家重点技术创新项目和建设项目为依托，共同组建联合研究基地，进行联合开发，解决低碳建造技术瓶颈。

如上海某干混砂浆产品生产公司和国内高校建立了良好的技术联系。公司首先与北京建筑大学一直保持信息沟通和技术合作，其次和同济大学专家合作建立基础研究基地。企业研发中心向学生提供基础理论实验研究的机会，并开放实验室，邀请高校和企业技术人员在企业实验室进行实验研究。企业还与山东理工大学建立产学研教学基地，为高校教学实习提供实验场所和实验仪器设备。最后和国外先进企业、研发机构建立良好的信息沟通和交流关系。该公司每年至少派出两批次研发人员到国外研发机构进行学术交流，与国际知名公司陶氏化学、普茨迈斯特等公司的研发机构保持互访关系，并经常邀请国外专家学者来企业进行指导、交流，不断提高公司研发技术人员的科技视野。开放式的研发管理可以拓展企业获取科技信息的渠道，使最新研究成果能够最快的投入到生产实践中去，确保产品在同行业里保持领先地位。

（3）信息技术虚实结合

传统建设项目管理程序复杂，需要多部门合作，部门沟通和信息传递是关键。信息化利用信息网络为项目信息的载体，加快项目管理信息传递、信息反馈和系统反应的速度，提高工作效率和管理成效。建设项目管理信息化是一项系统工程，涉及项目管理、人员素质、管理模式、IT 技术、市场环境、管理经验等方面，需多方协调，将信息技术融合到建设项目管理中去，进而提高管理效率和管理水平。低碳经济下的施工现场管理应与信息化技术相结合，简化办公流程，提高施工效率，实现项目的顺利运行。

1）加快建设工程领域管理综合软件的开发。将 ERP（企业资源计划）、BIM（建筑信息模型）等技术结合，依靠 ERP 和 BIM 搭建信息平台，将以往点对点的作业模式，通过工程项目信息集成转化为在线协同作业。在虚拟建设项目的可视化基础上进行现场资源管理，注重信息化管理技术研发，随时对项目建设中的各项资源使用进度、碳排放强度进行查看和监督，形成一个集前期设计、建设预想和后期现场管理在内的综合性建设软件。

2）培训既熟悉施工现场管理业务又能进行软件操作及开发的综合性人才。目前，多数项目管理系统由软件开发公司承担，他们缺乏工程管理经验，对工程项目管理程序、要素、方法和实际了解不全面，研发出的信息系统脱离建设项目管理实践，可操作性较差。

5.4　低 碳 营 销

"低碳经济"已从概念走向现实，对实体经济的影响与日俱增，给人类带来了一场前所未有的价值观念、发展模式、生活方式上的革命。在环境保护日益严峻和低碳经济逐渐形成的驱动下，施工企业实行碳营销很有必要。

营销理念应是动态的，应随顾客偏好变化、科技进步和外部环境变迁而适时地调整。低碳营销是以建筑产品对环境的影响为中心的市场营销手段，以环境保护为宗旨，引导更多建筑使用者选择低碳建筑，形成低碳消费理念。施工企业低碳营销能帮助其实现自身经济效益，同时保证社会效益和环境效益，是对施工企业低碳管理效果的检验，引导更多企业走与环境和谐发展道路。[48]

在现代营销理论中，产品策略、价格策略、促销和分销是市场营销的主要手段。建筑产品生产属于定制服务，须根据业主和顾客的功能要求进行设计和建造，由生产者直接与顾客、业主进行交易，或委托代理机构完成，不存在分销和流通环节。建筑产品主要采用投标报价方式确定承包价格，施工企业不能随意定价，建筑产品的需求缺乏弹性，消费者对促销和广告不敏感。因此，建筑产品营销不能照搬适用于制造业和其他消费市场的营销组合理论。在深入分析建筑业、建筑产品和建筑市场特点的基础上，提出针对建筑施工企业的三种营销组合方式：能力营销、关系营销和形象营销，见图5.4。[49]

---

[48]李纪月，徐德力．低碳经济下的企业绿色营销管理［J］．现代经济信息，2010，10：17-18.

[49]赵亮．建筑施工企业的市场营销研究［D］．清华大学，2005.

1. 能力营销，提倡管理和技术创新

常言道："用实力说话"。能力是取得业主信任、顺利完成合同的根本。在业主要求建造过程要减少碳排放、顾客需要低碳产品的情况下，"能做到竞争对手做不到的事情"是最好的营销方式。低碳施工能力的建设，非一朝一夕能见效，需持久不懈的努力。施工企业在低碳营销的过程中，要抓好两方面的能力建设：低碳施工技术研发能力和高效的现场管理能力。

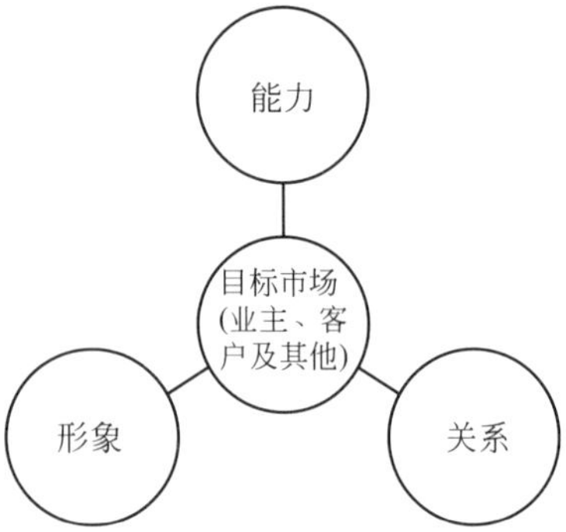

图 5.4　施工企业营销组合

（1）低碳技术研发能力

首先要减少建造过程中的碳排放，进行低碳技术研发非常有必要。企业要提高技术研发能力，可组建专门的技术研发机构，加强"新技术、新材料、新设备、新工艺"的研发和推广，重点开发低碳建造核心技术，增强企业低碳建造技术创新能力。其次，"兵马未动粮草先行"，要使研发机构卓有成效，需要提高研发装备水平，加强队伍素质建设，建立高效的交流机制，加强与高校、科研单位和大公司的技术交流与人才合作，加强科技力量以形成企业的核心竞争力。最后，完善低碳技术创新激励政策，使研发机构坚持不懈地为企业创造低碳技术研发成果。

（2）高效的现场管理能力

当"低碳"走进施工现场时，低碳管理制度的落实、低碳管理工作的协调、低碳管理成效的评定，都变得十分重要。传统的工程管理能力主要包括安全、进度、质量、成本管理能力，协调能力及风险管理能力等。引入"低碳"的施工现场管理要求，各管理部门要明确低碳管理目标，落实低碳施工技术和减排技术，进行低碳施工效果评定，不断累积低碳管理经验，提高施工企业的现场管理能力。干净整洁的施工现场不一定是低碳化的，但低碳化的施工现场一定是干净整洁的。既要营造安全文明的施工现场环境，更要合理设计施工现场布置，落实低碳建材采购、验收和保管，选择低能耗机械设备组合，优化施工工艺，保持施工进度高效，提高建材回收、利用效率，在施工细节上减少不必要的资源能源消耗，降低碳排放。

2. 形象营销，塑造低碳的企业形象

形象营销是基于公众评价的市场营销活动，即企业在市场竞争中，为实现企业目标，通过传播或沟通，使已经发生或可能发生利益关系的公众群体对企业营销形成认知，从而建立企业营销形象基础，为企业营销创造更宽松的社会环境的管理活动过程。

低碳环保的企业形象是企业宝贵的无形资产，有利于企业的长远发展，施工企业的形象塑造主要包括员工的精神风貌和素质、施工现场管理、低碳建筑产品和公共关系等方面。施工企业塑造和提升低碳形象，可以使其在相关利益主体心中树立稳固的地位，实现低碳营销。施工企业进行低碳施工，为业主和客户提供低碳建筑产品，积极履行低碳环保责任和社会责任，让客户产生认同感和归属感，增强其对企业的关注度和忠诚度，进而实现市场扩张，为企业市场目标的实现和长远发展营造良好势头。此外，维持施工现场安全、文明、低碳、环保化是施工企业形象营销最直接的表现方式，有助于在业主、监理工程师、设计咨询机构、行业协会、技术专家、政府机构、分包商、供应商及社会公众心中形成良好的形象，形成低碳品牌，提高企业信誉，建立良好的公共关系。

3. 关系营销，培养长期的合作伙伴

施工企业低碳营销的目的在于：针对客户当下和未来的需求，与其保持沟通，提供满足客户需求的低碳建筑产品，形成客户忠诚度。关系营销指建立和维持企业与顾客及其他伙伴之间的正式或非正式关系，共同实现参与各方的目标，从而形成兼顾各方利益的长期合作伙伴关系。在全球提倡绿色和低碳的氛围中，施工企业营销活动的核心是正确处理与消费者、竞争者、供应商、分包商、金融机构、政府机构等利益相关者之间的关系。

（1）关系营销对象识别

消费者和业主是施工企业的主要客户，客户营销的目的不仅是与之签订承包合同，更重要的是通过关系营销和为其提供超附加值的服务，与其建立信任关系，使之成为企业的忠诚客户。施工企业落实低碳施工，提供低碳建筑产品，引导低碳消费，有助于在客户和公众的心中树立良好的形象和低碳品牌，实现低碳营销，提高企业信誉和客户忠诚度。

设计公司、咨询公司、监理公司、分包商、供应商是施工企业的协作者，应通过正式的业务交往和非正式的关系沟通，促进彼此的了解，建立信任及长期合作伙伴关系，实现互惠互利。低碳施工从各方面（如低碳施工技术、低碳化现场管理、低碳施工工艺、机械设备低能耗等）对施工企业的综合能力提出了更高的要求，施工企业实现低碳施工，在协作者心中树立良好的形象，使其更具有影响力和话语权，一方面，有利于和协作者建立长期合作伙伴关系，另一方面，低碳施工若仅凭施工企业一己之力是不够的，需要调动协作者的积极性，整合其力量，才能高效实施低碳施工。

竞争对手营销的目的是终止恶性竞争，形成良性竞争和联合关系，围绕低碳建筑进行低碳施工技术竞争与合作，通过联合投资、联合承包或互相持股，以资金合作、低碳技术合作、市场合作、股份合作等方式实现优势互补、共同发展。

（2）关系营销的着力点

21世纪是以服务取胜的时代，企业活动的基本准则是使顾客满意，不能使顾客满意的企业将难以在市场上立足。提供让客户满意的服务将成为施工企业关系营销的着力点。由于工程施工的阶段性，传统的施工企业在工程交付使用之后便不管不顾，不再关注客户业主后期的想法与满意度。而低碳建筑产品的寿命期较长，其低碳潜能的发挥更多体现在后期使用过程中，低碳建筑潜能的发挥将有效展现施工企业的低碳竞争力。

顾客满意分为三个层次即物质满意层次、精神满意层次和社会层次。物质满意层次即顾客对提供产品功能、品种、质量的满意，通过技术和管理的创新与提高来实现；精神满意层次是顾客对服务方式、服务态度的满意；社会层次是顾客在消费企业产品和服务的过程中，对体验到的社会利益维护程序感到满意。施工企业要提供客户满意的服务，不仅要在建造和交付阶段提供满足客户功能、品种、质量要求的低碳建筑产品，还应尊重客户的意愿，耐心倾听客户需求，积极与客户持续沟通，进行顾客满意度追踪调查和质量回访。

5.5 碳资产——财务管理新变革

1. 低碳化财务管理变革

碳资产是一种资源，因稀缺而具有交换价值，有限的环境容量限制了二氧化碳等温室气体的排放，在此情况下，碳的排放权和减排额度成了可交易的有价商品，进而引申出碳资产。碳资产是在具有价值属性的对象（企业、民族、国家甚至全球）身上体现或潜藏的在低碳经济领域可用于储存、流通或财富转化的所有有形资产和无形资产。

碳资产管理是一个科学的体系，是现代企业管理的重要组成部分，指对《京都议定书》中所涵盖的包括二氧化碳在内的六种温室气体进行主动管理，如：碳监测、碳披露、碳减排、碳交易，以及在低碳时代规避风险、抓住机遇、提高企业竞争力等其他措施。[50]在低碳经济下，碳环境是企业未来生存环境的主要组成部分，碳资产的计量和管理将成为企业财务管理的重要内容，引导和制约企业的融资行为。碳成本将成为决定企业资本预算与投资决策的重要因素，碳披露是未来财务报表披露的必然要求。

碳资产是企业获得的额外产品，不是贷款，是可以出售的资产，具有可储备性。碳资产的价格随行就市，每年呈上涨趋势，支付方式是外汇现金交割、"货到付款"的外汇现金结算。它还有其他的独特内涵，如：买方信用评级极高，既对股东有利，也对融资（贷方）有利。这将大大提升企业的公共形象，获得无形的社会附加值。

环境的变化会直接导致财务管理模式和理论体系的变化。随着低碳经济来临，以低碳经济为特征的经济发展方式和人类生活方式将促使施工企业财务管理活动产生一系列变革。在资源约束机制尚未完全发挥效用之前，传统财务管理主要思考如何通过资金筹集、投放、运营、回收和分配来实现企业价值的最大增值，很少考虑资源消耗、碳排放和环保责任问题。低碳经济将改变这一切，使企业理财活动发生一系列变革。

2. 新目标—生态价值最大化

随着经济不断发展变化，企业财务管理目标先后经历了筹资最大化、利润最大化、每股收益最大化和企业价值最大化等阶段。经济形势不同，财务管理目标也要有差异，但以往的财务管理目标有一个共同的特点：把环保责任和环境风险作为外生变量计算对财务管理目标和财务管理活动产生的影响，与环境相关的问题被归为企业社会责任的一部分。但在低碳时代，与低碳、环保、节能有关的诸多要素将内化于企业管理与供应链管理全过程。产品碳足迹的计量、企业碳资产和碳负债的披露将通过法律制度强制执行。在这种情况下，生态价值将成为企业

---

[50]郭金琴，许群．我国企业碳资产管理分析［J］．商业会计，2014，16：11-13.

价值的最高标准和终极体现。生态价值是将碳风险与碳责任内化之后，企业及相关利益群体所创造的最终价值。[51]

企业生态价值的数学表达式为：生态价值＝传统企业价值＋环境价值

在低碳经济时代，施工企业实行低碳施工、节能减排等环境友好型生产及销售方式，环境价值为正值，施工企业总价值会提高。反之，施工企业从事高耗能、高排放等环境破坏型建造活动时，环境价值为负值，施工企业总价值会降低。如在进行建设项目投资方案资本预算时，要估算预测期内项目的传统现金流量，还要考虑建设项目对生态环境的影响，并将其转化成量化货币形式，计入环境价值。若投资方案现金流量估计中，传统企业价值增加，造成了周围环境的破坏，环境现金流量为负值，二者综合之后的企业生态价值将降低。若投资方案属环境改善型项目，则该方案的实施会同时增加企业自身现金流量和环境现金流量，二者综合后的企业生态价值将增加。生态价值最大化目标要求施工企业财务及成本管理人员形成低碳思维，财务管理活动要有相应的变革。

3. 新挑战——全球化过程中的碳风险

当国际建筑市场原本平衡的竞争格局因引入新的制约因素被打破时，最先适应环境变化并化解风险的企业将获得新的竞争优势。低碳经济既催生了清洁能源等商业机会，也给企业带来了新的挑战，形成碳风险。建筑"低碳"标准一旦全面实行，可能会增加施工企业的生产成本，削弱投标报价的竞争力，一批高污染、高能耗的施工企业将会被淘汰。

（1）碳风险的定义

企业在日常经营活动中，会遇到各种不确定事件，这些事件发生的概率及其影响程度无法事先预知，一旦对经营活动产生影响，将会影响企业目标的实现程度。风险指在特定的时间内和一定的环境条件下，人们所期望的目标与实际结果之间的偏差程度，碳风险指与碳排放有关的一系列活动带来的不确定性后果。在分析施工企业在全球化过程中可能遭遇的碳风险之前，首先要了解碳风险的内容以及表现。

1）国内政策的管制风险

---

[51] 齐荣光，梁建峰. 低碳经济下企业财务管理的变革［J］. 商业会计，2011，10：12-13.

在气候变化和能源安全问题严峻的形势下，我国政府采取了各种约束性和激励性措施，开展节能减排工作。

2013年12月19日广东省启动了碳交易，标志着控排企业和单位开始履行政策管制下的碳减排义务。政策要求控排企业每年6月20日前，完成配额清缴。未足额清缴配额的企业，广东省发改委责令其履行义务，拒不履行清缴义务的，将在下一年度配额中扣除未足额清缴部分2倍配额，并处以5万元罚款。因此，控排企业将面临来自政策管制下的碳风险。

2）国内政策的竞争风险

我国在市场、技术、标准、投融资方面不断推出新的政策法规，将通过行政、法律、经济、社会等监管手段建立新的企业经营发展环境，企业的经营绩效和市场竞争力都将受到考验。以电力行业为例，采用清洁能源发电，就会比用煤发电的企业更具有竞争力。

3）国际政策的强制减排风险

我国面临越来越大的国际强制减排压力。在美国公布的《美国电力法案》草案中规定，准备进入美国市场的外国企业，只有在其所在国家也实施了一定减排政策且相应行业有整体性减排目标，才能进入美国市场。我国的高能耗行业，如钢铁、水泥等行业想进入美国市场都须先进行强制减排。

4）国际低碳政策的"绿色供应链管理"风险

大型跨国企业的"绿色供应链管理"措施正成为挡在企业发展道路上的新障碍。跨国企业会逐渐使用本国的商业碳排放标准来要求供应商，如沃尔玛要求10万家供应商必须完成碳足迹验证，对相关产品加注碳标签。以沃尔玛的每家直接供应商至少有50家上、下游厂商计算，将影响超过500万家工厂，其中大部分都在中国。

（2）全球化进程中的碳风险

其他行业碳风险：在国际化的进程中，跨国公司已率先行动，采取各种措施降低碳排放，如沃尔玛的案例将对我国其他供应商产生巨大影响。这意味着我国企业必须进行碳足迹验证，承担减排责任，否则将无法获得跨国公司的订单。在国家层面上，发达国家的温室气体减排行动将通过世界经济贸易机制，给发展中国家企业带来影响。按照欧盟碳排放交易机制，2012年起，凡是进出欧盟机场的航空公司被分配一定的温室气体排放限额，排放总量低于限额的航空公司可出售剩余部分，排放总额超标的则必须自掏腰包购买超出限额的部分，这对我国航空业无疑是一个巨大的挑战。在灯具行业，欧美各国对白炽灯的限制使用将严重影响白炽灯行业的生存。施工企业在低碳经济时代，应该充分利用自己的后发优势，参考制造企业，识别已有的碳风险，及时研议应对措施。

国际政策碳风险：《美国清洁能源法案》规定，对从不实施温室气体减排限额的国家，美国有权对其进口能源密集型产品征收碳关税。此前，法国政府建议欧盟对发展中国家的进口产品征收碳关税，发达国家实施碳关税使气候成本内部化，将改变国际贸易商品结构，使我国施工企业国际化时增加了更多的桎梏和风险。碳风险将成为施工企业未来面临的主要风险之一，若不尽早采取预防措施，将会在未来的经营中面临极大的困难，有些企业甚至可能遭受毁灭性打击。

同行业竞争碳风险：在低碳经济浪潮下，我国施工企业应充分认识自身与跨国大型施工企业的差距，尤其是在节能减排、可持续发展方面。在国内，计划经济"部管"国企改制使施工企业行业化分工明显，例如中铁专注于铁路建设，中建的核心业务是工民建。随着我国建筑业市场产业分工体系的深化，技术壁垒相对较低的市政、民用建筑建设利润率正在快速下降，产业分工发展模式在当下不利于资源的整合利用，而与此同时出现的规模大、技术含量高的复合型工程的设计及施工则依然被专业院所垄断。技术研发和项目规划工作的主要特征是技术密集、知识密集，这既给承包商提供极大的利润空间，又对其提出很高的专业技术要求。很多著名国际施工企业都在不同的业务领域里做到低碳可持续，找到适应自己的盈利模式（表5.2）。

国际施工企业赢利点　　　　　　　　　　　　　　　　　　　表5.2

业务领域	典型企业
能源领域	Fluor 公司在石油、天然气领域发展专业的工程建筑技术
环保、资源再利用领域	日挥公司承建的中海壳牌核心装置—80 万吨乙烯裂解装置
商业建筑领域项目	Vinci 公司承建大型商场、购物中心、观光中心、房屋住宅项目
工业建筑	KBR 洛斯阿拉莫斯核试验中心、美军中东指挥中心
市政土木工程	Hochtief 公司大部分赢利点在其承包的道路建设、机场建设、管道建设等市政工程

我国施工企业要走向国际，必然会面临来自外部环境的竞争风险，其中就有碳排放有关的风险。在国际工程招投标过程中，是否处在碳交易的外部环境，业主是否有减排的要求，自身低碳技术是否具有资质等情况，都可能会成为我国施工企业国际化时遭遇的碳风险。凡事预则立，不预则废，施工企业应该早作打算，将碳风险纳入未来发展可能面对的新挑战。

4. 新导向—碳交易和碳金融

碳金融是指因《京都议定书》而兴起的低碳经济投融资活动，或称为碳融资和碳物质买卖，即服务于限制温室气体排放等技术和项目的直接投融资、碳排放权交易和银行贷款等金融活动。

目前全球的碳金融市场发展并非一帆风顺，出现了许多困难和疑问，但不可否认的是随着全球社会经济的发展、资源的不断消耗、低碳经济的普及，碳金融将成为全球经济未来发展的必然选择。一旦碳金融中的碳排放指标和减排额度被确定和分配，这种类似国际货币基金组织特别提款权的权利，将与各国的国际收支平衡、贸易摩擦、汇率问题联系起来，碳排放权有可能成为未来重建国际货币体系和国际金融秩序的基础性因素。

（1）碳资产的新来源—碳交易

人们常说的碳资产主要有四大形态，一是政府分配或进行配额交易获得的碳资产；二是核证减排量，即 CER；三是节能技术改造等项目产生减排额带来的收益；四是在强制减排体制下企业超额完成的减排任务。目前，我国企业的碳资产主要是指 CER 和节能技术改造等项目产生减排额带来的收益。

1）我国碳排放交易现状

我国企业碳资产的主要形态是由其获取途径决定的，主要有两条，一是通过技术提升，提高企业内部碳生产率来获得碳资产；二是通过政府分配获取或进行配额交易从外部购买。目前，碳排放交易制度在我国正处于试运行阶段，2011年 10 月国家发展和改革委员会印发《关于开展碳排放权交易试点工作的通知》，批准北京、上海、天津、重庆、湖北、广东和深圳等七省市开展碳交易试点工作。自 2013 年 6 月以来，七个试点相继鸣锣开市，拉开了我国碳交易从无到有的序幕。截至 2016 年底，七省市的碳排放交易市场成交量累计达 1.16 亿吨，成交额累计接近 25 亿元，市场交易日趋活跃，市场规模逐渐扩大。2017 年 6 月，国家发展和改革委出台了《"十三五"控制温室气体排放工作方案部门分工》，明确指出：我国将推动区域性碳排放权交易体系向全国碳排放权交易市场顺利过渡，并于 2017 年启动运行全国碳排放权交易市场。在建筑领域，虽然建筑施工单位没有直接参与碳市场交易，但房地产商已经开始尝试参与碳排放交易，这表明一种趋势：社会环境变化将对施工企业的碳排放交易费管理、碳排放权筹划产生日益重要的影响。

2）碳交易市场运行机制

碳市场是由政府通过对能耗企业的控排，人为制造的市场。政府对能耗企业的历史排放情况进行盘查，然后根据盘查情况给企业设定未来的排放配额，这个配额通常低于企业的历史排放值，如果企业未来的排放高于配额，需要到市场上购买配额或 CER（经核证的减排量）。因此，政府对控排企业的强制要求产生了对配额或 CER 的需求。

配额由政府发放给每个企业，企业可根据自身排放情况进行买卖交易，各取所需；CER，经核证的减排量，顾名思义，是通过第三方核证后产生的减排量，国内叫作 CCER，官方名称是自愿减排量，通常来自于清洁能源项目。咨询公司根据主管部门发布的相关方法计算出减排量，通过核准机构的核准后即可用于放到市场上交易，抵偿有需求的企业的控排任务。CER 的核证过程比较复杂，其涉及的核心概念是"额外性"（additionality），即在不考虑 CER 收入的情况下，该减排项目无法实施，减排量无法产生。国内碳交易市场运行示意图见图 5.5。

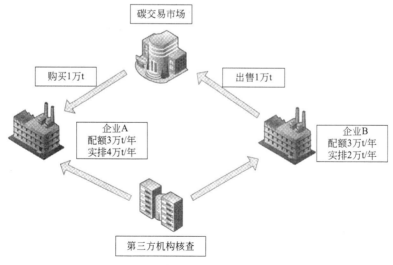

图 5.5 碳交易市场运行示意图

（2）中小企业融资新机会—碳金融

中小企业规模虽小但应变能力高，发展低碳技术能够更好地细分市场以期在金融市场中获得融资的新优势和新机会。

1）中小施工企业融资困境

在为中小企业提供资金时，一些主流金融机构或投资者更多是从规避经营风险或金融风险的角度来考虑自身的财务风险，而不仅仅站在投资收益的角度来考虑是否为中小企业提供资金。

①自身存在的问题

我国中小型施工企业具有资产规模小，抗击外部风险的能力较差，且生命周期短的特点。首先，缺乏抵押资产且企业信用不高。它们通常规模较小，没有足够的固定资产作为抵押担保，难以找到能够提供抵押担保的企业。中小施工企业的不良贷款率在商业银行的贷款中一直较高，导致其信用不良，以信用为基础的内源性融资和外源性融资对中小施工企业难以适用。在缺乏抵押资产，企业信用不高的情况下，企业较难从商业银行获得贷款。

其次，中小型施工企业财务体系不健全。企业管理水平相对较低，综合性人才相对匮乏，资金管理制度不完善，易导致这部分企业在资金管理方面出现混乱，降低资金使用效率。商业银行通常会将企业的财务状况作为提供贷款的一项评价指标，没有健全的财务制度导致企业融资能力弱。

最后，中小型施工企业生产经营中存在不合理行为。在实际的工程项目建设过程中，很多企业为承接到更多的项目，不惜与建设者签订不合理条款，处于被动地位，增加企业的资金压力。此外，在采用工程量清单计价模式下，材料价格的上涨对企业影响很大，如没有预先拟定好材料采购计划，导致大量的流动资金都用于材料的购买，企业陷入被动局面。

②直接融资渠道不理想

在目前的经济环境下，施工企业缺少直接融资的途径，融资渠道有限。我国通过上市筹得资金的基本都是国有大型施工企业，只有极少数中小型施工企业能够上市融资，或凭借资产置换买"壳"、借"壳"融资。同时，我国政府对企业债券的发行控制严格，施工企业很难达到发行企业债券的标准，难以通过债券市场取得融资。

③融资受到歧视

商业银行通常对中小施工企业支持度不高。长期以来，政府和商业银行都存在一个观点：贷款给国有大企业更有保障，不会造成国有资产流失；而大多中小型施工企业的经济效益不稳定，信誉不高，贷款资金回收困难，容易造成国有资产流失。

④法律保障和信用体系不完备

我国缺乏管理中小型施工企业担保和信用评级的机构，与施工企业发展相关的法律、法规体系不完备，未构建良好的信用体制，信用秩序不佳，对商业银行带来的不良贷款额度较高，导致商业银行对其惜贷、慎贷，如此陷入恶性循环，出现融资困境。

2）中小型施工企业融资新导向

全球已有包括花旗银行、渣打银行、汇丰银行、中国兴业银行等在内的多家金融机构宣布进行碳金融改革，在贷款和项目资助过程中，强调企业环境责任和社会责任，为从事节能减排、科技创新和环境保护的企业或项目提供信贷支持。此外，各金融机构还在不断进行金融创新，陆续推出项目开发咨询服务，前期项目融资、汇款和资金管理，碳交易、碳证券、碳期货、碳基金等各种碳金融衍生服务。

在实践中，银行授信时开始关注企业的碳资产，将其列入资信评估范围，并不断扩大授信比重。2009年浦发银行牵头为东海海上风电提供一笔结合传统固定资产质押的碳收益质押贷款。标的物不单是CDM项目的未来碳收益，还包括厂房等固定资产。2011年4月，兴业银行为福州兴源水力的CDM项目提供国内首笔单纯以未来碳资产作为质押担保的授信。为了控制单纯碳资产授信的高风险，银行结合国际保理业务开展碳资产贷款。2012年5月，浦发银行为联合国EB注册的单体碳减排量最大的水电项目提供国际碳保理融资，完善碳资产质押贷款模式。

可见，未来金融资源将重点流向积极发展低碳经济的企业，拥有低碳技术的施工企业更容易得到战略投资者的青睐。

5. 新要求—信息管理中的碳披露

现行的财务报告体系只提供以货币计量的反映企业财务状况、经营成果和现金流量的信息，而关于企业碳排放量、环境成本和环境绩效及由环境问题引发的负债和潜在风险的信息则鲜有披露。未来这一切都将发生变化。当碳排放权用于交换时，碳资产和碳负债的价值就必然反映在企业的资产负债表中。根据世界银行的预测，2020年全球碳交易总额有望达到3.5万亿美元，有望超过石油市场成为第一大能源交易市场。碳排放权可能为企业带来预期收益，也可能形成企业的现实义务。碳资产和碳负债将作为一个新的会计项目，对企业参与碳交易形成的经济利益或义务进行核算与计量，并表内化，形成加强企业碳资产管理的"碳资产负债表"。碳信息披露项目（CDP）是全球最大的投资者联合行动。自2002年开始，CDP代表投资者邀请全球多家大型企业参与碳信息披露的调查。通过企业的调查回应，可以从气候变化对当前及未来投资影响的角度，为投资者提供重要的投资决策参考。在我国，越来越多的企业对碳信息披露项目的调查做出回应，不少企业开始认识到这是一个很好的平台，可以向投资者展示其碳资产管理实力，提高能效、节省开支。

施工碳资产管理应是科学的体系，前提是具有可测量、可核查的基础数据，即施工企业的基准排放量和清晰的减排计划，没有这些数据，谈不上碳资产管理。因此，碳资产管理，首先要开展碳盘查，计算碳足迹（图5.6）。

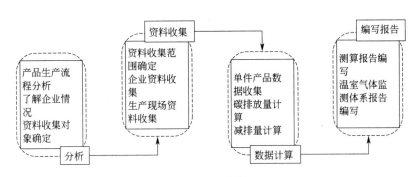

图5.6　碳足迹计算流程图

1）碳盘查：计算施工企业在生产和经营各环节，直接或间接排放的温室气体，用以掌握企业温室气体排放情况，摸清"碳"家底。

2）碳审计：借鉴企业财务会计管理方式进行碳审计，建立"碳资产负债表"。在全球碳交易市场制度下，二氧化碳排放权成为一种商品，与有形商品一样由供求关系决定价格，具有价值，可为施工企业带来预期的利益或形成施工企业的义务。对施工企业参与碳交易形成的经济利益或义务进行核算与计量。

在未来的施工企业利润表中，可能会在传统成本之外增加一项新内容，即减排成本。按照欧盟碳排放交易计划的要求，符合欧盟排放交易指令要求的企业均被认定为排放源企业，必须强制实施减排责任，通过购买碳信用指标以抵偿自己的减排义务。该笔支出构成排放源企业的减排成本，直接抵减当期利润。在低碳经济下，减排成本可能会构成高能耗施工企业利润表中的一项重要内容。

5.6　建筑业低碳供应链管理

低碳供应链是为发展低碳经济，建设低碳人居环境和生产环境而提出的，是环保意识、可持续发展理念在供应链领域的应用。建筑业低碳供应链强调在与低碳建筑产品相关的"建造—运输—销售—使用—报废—回收再利用"的封闭循环系统中降低碳排放。建筑业低碳供应链涉及低碳建造各环节，参与主体较多，包括材料制造供应商、销售商、消费者、开发商、设计单位、施工企业、咨询企业、政府管理机构等，关系错综复杂，见图5.7。建筑业低碳供应链强调围绕低碳理念构建低碳建筑供应链中的物质流、技术流、信息流、资金流。

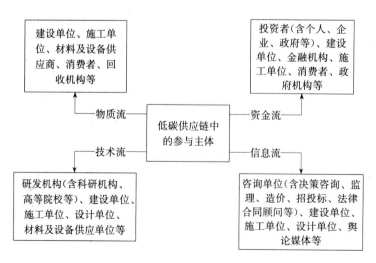

图5.7　低碳供应链的参与主体

物质流指含建筑材料、设备等各种成品、半成品在建筑业低碳供应链中的活动情况。建筑材料如水泥、砂石、钢筋、木材、装饰材料等；大型设备如电梯、地源热泵系统、中水处理系统、采暖通风系统等，小型设备如施工用小型机具、电动工具、零配件及家电器具等。

资金流是指资金在供应链中的活动情况，含投资与融资、借贷、支付工程价款、销售与购买、财税支持与消费补贴等活动。

技术流是指供应链中低碳技术的研发、应用、咨询等活动的情况。

信息流是指技术支持活动、咨询服务、建筑施工、运营服务、宣传活动等过程中的信息交互情况。[52]

施工企业应用供应链管理必然要追求低成本和高盈利。低碳经济时代，如何在建筑业供应链管理中引入低碳因素是施工企业必须面对的重大战略抉择，这和成功转型将共同作用施工企业的可持续发展。施工企业供应链管理应从系统、合作、共赢出发，对低碳供应链中的物质流、信息流、技术流和资金流进行系统设计和管理，最大限度降低供应链中各关节的内耗和浪费，实现供应链整体最优，提高全员竞争力，实现全体成员共赢。

1. 强强联合，建立低碳供应链企业合作伙伴关系

2015 年 6 月 30 日，我国承诺，到 2030 年碳排放强度比 2005 年下降 60％～65％。业内预测碳减排需要的投资将超过 41 万亿元。为了消化碳排放带来的成本压力，实现和优化供应链管理成效，施工企业应积极承担责任，对建筑业低碳供应链管理做出适应性变革。变革须结合供应链管理的特色，对建筑业低碳供应链中涉及碳排放的因素、流程和资产实行综合管理，最大限度地发挥供应链管理优势，实现企业的低碳化发展。

对施工企业而言，强强联合需要严格筛选合作伙伴，加强供应链管理，及时更新供应链网络。督促供应链中的融资企业按时还款，保证信用。与银行有效沟通，及时更新参与供应链融资的上、下游企业及其相关信息。对银行来说，需要按照标准选择供应链公司（关键是核心企业）和第三方物流企业，事前做好全面调查。与核心企业有效沟通，及时共享信息，把握整合资金流、物质流、信息流，科学决策，减少风险。

1）供应链职能整合与优化

供应链涉及的企业众多，其中每个职能都能减少碳排放，要建立低碳供应

---

[52] 李姗姗．我国低碳建筑供应链实现路径探索［D］．重庆大学，2012．

链的战略合作伙伴关系，对职能优化整合必不可少。一方面，在设计、生产、计划、采购、施工等核心职能采取越详细的措施，减少碳排放的能力就越大。另一方面，由于具体职能的改进空间有限，跨职能的整合更为效，即在整个供应链中按减少碳排放的原则，提高相邻职能的效率，降低职能细化造成的运营分散。

2）端际合作释放减碳潜力

由施工企业牵头，要求供应链中的供应商、物质流服务提供商、财务和税务实体、客户共同对自己涉及的碳排放因素、流程和资产进行优化，就这些优化达成一致，开展端际合作，最大限度地释放减少碳排放的潜力。需要参与主体合理界定各自的责、权、利，供应链各端要在明确环境战略的基础上，与合作伙伴培养共同点，特别是在产品设计和物流方面。在平衡成本、服务、质量和环境因素的基础上，实现共赢。

3）碳资产带来的共赢局面

碳资产不仅包含当下的资产，也包括未来的资产；不仅包括清洁发展机制（CDM）资产，也包括一切由于实施低碳战略产生的增值。国外企业在碳资产管理上积累了大量的经验，低碳竞争力较强，我国企业对碳资产管理重视不足，缺乏有效的实践。

在低碳供应链管理中，各参与企业实行碳资产管理要从以下几方面着手：第一，直接对供应链中的设施和资产实施减碳，例如仓储设施、机械设备、车队和数据中心等会消耗大量能源，减少其能源消耗，节约成本；第二，企业通过超额减排形成碳资产，进行碳交易，获得利润；第三，企业进行节能减排和技术升级，形成潜在的碳资产，适时加以变现。这些要求企业必须了解自身的碳资产情况，在供应链管理中按照成本收益的比较，对碳资产的使用做出统一安排。

2. 资产更新，使用新技术、新产品

低碳供应链中涉及碳排放的资产较多，可分为有形和无形资产。有形资产有仓储设施、机械设备、车队和数据中心等，无形资产包括低碳技术、排放权和减排量额度（信用）等。有形资产会产生大量碳足迹，对其进行更新、更换、升级、重组、整合供应链设施和资产，以实现减少碳排放。投资引进低碳排放设施和节能设备，替代高碳排放量的老旧设备。无形资产也应及时进行再开发，促使其不断保值和增值使企业从低碳发展中得到实惠。

施工企业在低碳供应链管理过程中，应充分考虑各环节涉及的各类有形和无形资产。设计上，从物料选择、能源效率、耐用性、可升级、易于拆解、可再循环、可处理、虚拟产品开发等角度加以控制。包装上，注重尺寸、可循环利用、材质。流程上，在订单履行、制造、运输、质量控制、组织管理、需求与供应计划等环节加以管理。组件上，重视替代品、寻源、选址和供应商的合理化。能源上，减少化石燃料的消耗，开发和使用可再生能源和清洁能源。库存上，强化安全、批量、频率、补库等的选择策略。运输上，优化运输的方式、频率、规模、线路。

3. 低碳供应链融资模式初探

供应链融资是把供应链上的核心企业及上、下游配套企业作为整体，结合供应链中企业的交易关系和行业特点，基于货权及现金流控制，制定整体性金融解决方案的融资模式。供应链融资解决了上、下游企业融资难、担保难的问题，打通上、下游融资瓶颈，降低供应链融资成本（图 5.8）。

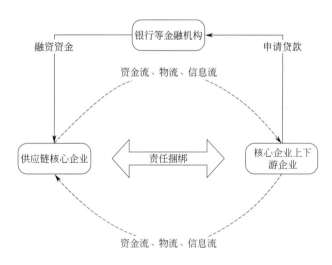

图 5.8　供应链融资框架结构示意图

供应链融资包括：第一，商业银行创新金融服务产品的应用。商业银行以供应链融资理论为基础，积极推出适合供应链上下游中小企业融资的金融产品。第二，企业融资方式创新的应用。"物资银行"涵盖了资本经营和物资流通两大职能，通过企业"三角债"问题的解决来促进物资、资金的良性循环，从而获得收益。第三，第三方企业业务增值的应用。以物流企业为主导的第三方企业提供物流与金融集成式服务，推动供应链融资的发展。[53]

虽然每一个建设项目不具重复性，但建造经营活动是循环和重复的，根据建筑业和制造业在生产经营过程中的共性，建筑业可以借鉴制造业的管理模式。建筑业和制造业的共性主要体现在：首先，制造业以产品的流动，来划分流水作业。建筑业以人和机械设备的流动，来实现流水作业。然后，制造业强调专业分工合作的供应链生产方式。建设工程项目的建设过程中，总承包商、分包商、材料供应商等参与主体以建设项目为核心，互相合作完成工程项目的建设。其次，信息技术的发展促进了制造业远程生产形式的发展，生产和销售网络遍布各地。建筑业电子商务极大地拓宽了建筑产品的生产和销售网络。

供应链融资较传统融资有强烈的多节点（供应链参与企业、第三方物流企业和金融机构）数据互联的技术需求，同时对交易及融资操作要求流程化、线上化，这与企业独立发展、信息标准化程度低的现状相矛盾。建筑施工企业供应链融资实质是核心企业提供融资平台，银行为供应链配套企业提供贷款，形成供应链融资服务平台，实现数据流转和信息共享。[54]

核心的建筑施工企业研发（自主研发或外包）对上下游配套企业、第三方物流企业和金融机构公开的供应链融资服务平台，将供应链融资参与企业的信息公开在融资服务平台上，并授予上下游配套企业、第三方物流企业和金融机构一定权限。配套企业可更新企业信息以获得融资机会，第三方物流可更新监管信息以保证金融机构资金的安全，金融机构可发布融资产品信息以拓展业务等。设置附加功能，如还款预警机制，登记融资记录（融资企业、资金数量、借款期限、借款日期等），并自动计算日期提前提醒还款等功能。

低碳供应链融资是基于碳资产质押的融资模式。我国实行碳排放权交易制度，碳排放权在总额限制下由政府行政进行分配，具有财产权性质。因此，基于碳交易形成的碳资产质押贷款是碳资产融资实践的基础，未来可能会形成基于碳资产质押的供应链融资模式（Carbon Assets Pledge，CAP）

---

[53] 刘可，缪宏伟. 供应链金融发展与中小企业融资——基于制造业中小上市公司的实证分析 [J]

[54] 王扬晨. 供应链融资在建筑施工企业中应用的研究 [D]. 华东交通大学，2014.

（图 5.9）。[55]

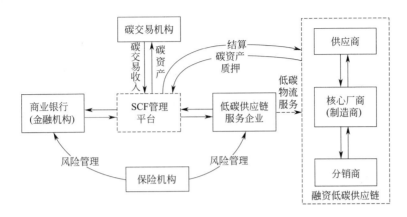

图 5.9　基于碳资产质押的供应链融资业务（CAP）模式图

在基于碳资产质押的供应链融资模式中，融资主体可以是低碳供应链中的核心厂商或上下游中小企业，该供应链可以是生产低碳产品或实现项目节能减排的产业链，也可以是采取了低碳化措施（如节能减排技术改进）的传统供应链。在整个 CAP 模式运作过程中，低碳供应链的厂商纵向协调，统一配置资源；同时，将进行质押的碳资产看作整条供应链的碳资产，银行在进行信用评估时，以整条供应链为评估对象，内部风险共担，收益共享。

供应链融资模式中的大型第三方物流企业转变为低碳供应链服务提供商，如现有能源合同管理中的 EMC 公司及未来能为第三方低碳供应链提供解决方案的企业。在低碳环境下，企业不仅为整个低碳供应链提供传统的物流服务，还提供碳资产融资的相关配套服务。

低碳供应链中的商业银行主要指践行"赤道原则"的低碳银行。赤道原则是为确定、评估和管理项目融资的环境与社会风险，而制定的金融行业基准。遵守"赤道原则"的商业银行一般开展了碳金融相关业务，是整个模式中最终的资金提供者。

SCF 管理平台在供应链融资平台的基础上，拓展了碳资产质押业务，建立了碳资产管理、监督信息系统的综合化平台。该平台可由供应链服务企业、商业银行或单独的行业衍生企业主导运作。碳交易机构主要在碳交割期内，对质押的

---

[55] 高振娟. 基于配额型碳资产质押的供应链融资模式研究［D］. 天津大学，2014.

碳资产进行交易和变现，用来偿还贷款，结算相关收益。保险机构主要将供应链服务企业和商业银行的风险进行转移，利用专业的风险控制措施保障 CAP 业务的风险最小化。

此处，本书只是提出了关于低碳供应链融资模式的可能应用，施工企业作为低碳供应链的核心企业，应充分考虑其可能性，在做好自身碳资产管理的前提下，发现低碳供应链融资的新可能，创造效益、提高竞争力。

6 打造低碳建造产业生态

产业链的概念来自产业经济学，是指各产业部门基于技术和经济而形成的关联关系形态，包含价值链、企业链、供需链和空间链。"对接机制"是产业链内在模式，作为一种客观规律，像一只"无形之手"，调控着产业链发展方向。

产业链可用于描述具有某种内在联系的企业群结构，具有结构属性和价值属性。产业链存在着上下游关系和相互的价值交换，上游环节向下游环节输送产品或服务，下游环节向上游环节反馈信息。因此，定义产业链是不同或相同产业的企业以获取最大利润为出发点，以满足客户要求为目标，在围绕产品进行生产交易活动的过程中，形成的上下游企业相互关联的、动态的、增值的链条或链环。

低碳施工产业链是围绕低碳施工过程所涉及的技术研发、咨询设计、材料采购、施工、运营管理、报废拆除、建筑物回收利用等环节，形成上、中、下游企业间内在技术经济联系的链条。低碳施工产业链上游产业涉及材料采购、咨询设计等，中游产业涉及施工管理、施工技术监理等，下游产业涉及监测，物业管理和废弃物处理及回收等。

6.1 低碳建造产业链共生

1. 产业链共生动力机制

在低碳建筑市场，开发商、材料供应商、施工单位、业主是否愿意进行低碳建筑的投资、如何投资及投资多少，取决于投资低碳建筑的成本及收益。

在传统的会计核算方式下，实施低碳生产和销售的企业必定面临着成本投入的增长，且收益并不明显（通常是隐性收益），而以环境为代价的高碳排放企业违规生产反而能够"节约"短期成本。但是在考虑生态环境影响的视角下，后者还会面临来自政策惩治方面的治污、罚款等成本，以及高碳排放带来的贷款、诉讼、"碳配额"等成本，这时前期积累的收入将被这些增加的成本抵消殆尽，甚至出现亏损。总体来看，低碳生产经营增加企业前期成本，但是将在政府政策、市场营销、企业信誉、融资理财等多方面占据长期优势，这些优势逐渐反映在后期的盈利水平上[56]。

整体来看，建筑市场低碳产业链的动力可以分为外部驱动力和内部驱动力两种。外部驱动力主要指政府的低碳政策、消费者的产品要求，内部驱动力则主要指行业内部竞争、企业生产成本降低。

2. 低碳建造产业链特征

与传统施工产业链相比，低碳建造产业链特征鲜明，具体表现在：

（1）价值创造与价值增值相结合

传统施工产业价值链着眼于价值增值与利润最大化，不重视资源节约。而低碳建造产业链是价值创造与价值增值相结合的过程，既考虑内部经济效益，还考虑外部的社会效益。如采用太阳能利用技术，既减少使用燃气（煤、油）所造成的不可再生资源的消耗，而且产生废气等空气污染因素也得到控制；采用自然风、自然光，有利于人类身体健康，减少疾病；采用雨水回收技术、污水净化装置等，可以节约宝贵的水资源，减少水体污染。

（2）循环型链网结构

传统产业链是线性结构，低碳施工产业链是存在闭环和循环的结构。闭环结构表现在建材从投入使用到报废、回收，经加工后又投入使用。闭合与循环利用结构提高了资源利用效率，节约资源，减少材料浪费，具有很高的环境、经济和社会效益。

3. 低碳建造产业链的链接模式

传统建筑产业链呈"资源——产品——垃圾"的直线性结构，未考虑资源循环利用和环境承载能力，导致资源浪费和环境污染。而低碳建造产业链的连接模式在传统建筑产业链的基础上增加建筑材料的回收利用环节并重新使其资源化，从而形成一个良性循环。

低碳建造涉及低碳环保技术研发和产品生产、建筑物规划设计、既有建筑物节能改造、施工、物业运营管理及建筑物报废拆除、材料回收利用等。基于循环经济核心理念，实现资源有效、循环利用，构建低碳建筑"资源——产品——资源"循环利用产业链，即低碳循环产业链。

---

[56]乔薇，冯巧根，．基于低碳视角下的企业成本与收益分析［J］．现代管理科学，2011，（8）．

低碳循环产业链是基于循环经济的无限循环产业链环，比传统产业链多了废物回收再利用环节，形成闭合循环的建筑产业链条。其中，废弃物回收再利用关键环节，它将决定低碳建筑产业链的循环运行模式是单一线性的，还是无限往复的。

在设计低碳循环产业链结构模型前，需分析整个建设项目开发流程，包括：确定融资模式获得资金；估算项目成本；立项、竞标土地并获得土地使用权；通过招标选择优秀的设计单位，进行项目设计；根据设计方案选择优秀的施工企业、材料及设备供应商；委托监理单位进行现场监管；竣工验收后交付或投入使用；实施物业管理和周边环境维护；建筑垃圾处理和建筑物废弃物回收。

传统建筑产业忽视建筑垃圾处理和建筑物废弃物回收利用，建筑垃圾随意丢弃填埋，只将废弃的建筑钢材和塑料进行回收，并未对玻璃、建筑废渣等进行循环利用；使用的建材不环保，材料利用低效；未在规划设计阶段系统考虑建筑物节能、节水、节材、节地问题，图纸设计中没有低碳建筑专篇，建材选用未考虑资源循环利用和环境承载能力，一味追逐利益最大化，导致建筑废物难以重新资源化。因此，建筑垃圾处理和建筑物废弃物回收是低碳循环产业链结构模型的关键。

4. 产业链共生单元

施工活动并非孤立进行。完整的建设项目需要不同类型或不同产业的企业相互协作，从生产交易活动的角度完成彼此工作的交替或搭接。产业链是来自不同产业的多个企业，由于一定的生产关系而彼此相连，形成具有增值效应的链条。在项目全过程链条上，各阶段的实现都是其后序阶段顺利进行的基础。如此就形成了以施工阶段作为链条主体的建筑项目"论证策划—设计研究—材料供应—现场施工—使用—拆除"施工产业链。

（1）建筑咨询设计行业

设计阶段是建筑全寿命周期中最重要的阶段之一，设计内容将主导建筑施工及运行过程中的活动，决定资源能源的消耗。据统计，设计、施工和运营中消耗的能源占建筑生命周期总能耗的1/3。合理的建筑设计在概念阶段就赋予建筑节能降耗的理念，将建筑作为整体进行系统化设计比一般建筑节省能源50%～70%。

低碳理念蕴涵于建筑设计中，其实际价值在施工和使用中得以体现。低碳建筑设计即应用先进的低碳节能技术和低碳材料，实现建筑物在建造和使用阶段的低能耗、低碳排放目标。

低碳建筑设计的本质是在满足建筑物适用性和安全性的前提下，使施工和使用程序更便捷，减少施工和使用过程中的资源能源耗费。可见，建筑设计的宗旨应是节能和资源优化利用，这种低碳理念指导建造者完成建筑实体，并实现使用期的低碳环保。低碳建筑设计不同于一般建筑设计，它既是设计师灵感的展现，也是低碳技术和建筑艺术的完美结合，蕴含着现代科技实力和创造力。

（2）建材制造行业

建材工业是重要的原材料及制品工业，是国民经济建设、改善居住条件、提高生活质量、高新技术和相关产业发展的物质基础。它包括建筑材料及制品、非金属矿物材料、无机非金属新材料三大部分，约有80多类、1400多种。进入新世纪以来，我国建材工业发展迅速，主要产品的产量大幅度增长。其中，水泥、平板玻璃、建筑卫生陶瓷的产量均位居世界第一，生产技术水平有了较大的提高，产品品种不断增加。

建材行业从原料开采到产品出厂全生产过程中，产生大量的废气、粉尘、烟尘、二氧化碳、二氧化硫、废水以及固体废弃物等污染物，导致生态环境的污染和恶化。以水泥工业为例，现生产1吨水泥熟料约排放940千克二氧化碳，水泥行业生产排放的二氧化碳约占我国工业生产二氧化碳排放总量的20%。据此估算，我国水泥工业排放二氧化碳占全国总排放量的比例至少在10%以上，远远高于世界约5%的平均水平。

建材制造行业面临着严重的减排压力，改进建材制造的生产技术，推动建材生产向低碳减排方向发展是低碳施工产业链的重要环节。

（3）房地产开发行业

房地产开发商参与低碳房屋建设的全过程，是房屋建设资金的主要提供者，在整个房地产开发过程中整合资源和资金。从立项、到向政府部门竞标土地、自行或委托设计单位完成项目规划设计、进行招投标选择有实力的承包商、进行施工建设、房屋销售、房屋使用阶段的物业管理等阶段。房地产开发商是项目开发的总负责人，参与开发建设全流程，在低碳施工及整个住宅产业链中处于核心地位。通常，开发商资金雄厚，资源丰富，是大量建材、设备、资金及技术的最终需求者，与其他行业交流频繁，合作机会多，更容易与其他企业达成长期稳定的合作关系。而且开发商与消费者直接接触，最了解消费者需求和产业发展动态。

它与上游企业，如建材供应商、咨询单位、信贷机构等，中游企业，如承包单位、装饰装修单位、监理单位、勘探单位，及下游企业，如物业公司、营销单位组成利益共同体，在产业链的交接点上进行资金流、物质流、信息流及技术流的互换。

（4）建筑施工行业

施工是建筑业区别于制造业等其他工业的一个重要环节，具有产品唯一性、工作流程不可逆、产品不可移动、生产周期长、不确定因素多、准入门槛较低等特点。对于减少碳排放的目标而言，施工也许不是碳排放最多的环节，然而基于施工人员素质、现场管理水平等参差不齐的现状，施工在减少碳排放方面一定具备深厚的潜力。

从低碳产业链看，施工行业肩负着将设计、材料等产业上游的低碳成果转化为低碳产品的责任；从外部看，施工行业因为噪声、粉尘、安全事故等原因处在社会舆论的风口浪尖，减排压力明显；从内部看，施工行业在海内外市场竞争激烈，融入低碳产业链是提升施工企业核心竞争力的必经之路。

（5）交通运输行业

低碳建造要求清洁运输，而这一方面并非建筑业所能左右。实现运输碳减排的关键是产业链整合与分工，要通过合约进一步约束（表6.1和表6.2）。

交通运输业能源消费及二氧化碳排放量 表6.1

年份 项目	2005	2006	2007	2008	2009	2010	2011	2012
能源消耗单位： 万吨标准煤	23049	25272	27376	28847	29917	33059	36043	39526
二氧化碳排放量单位： 百万吨二氧化碳	509	558	604	632	654	697	784	866

整理自统计年鉴。

交通运输部门能源消费结构 表6.2

年份 项目	2005	2006	2007	2008	2009	2010	2011	2012
煤	2.71	2.31	1.97	1.76	1.67	1.41	1.27	1.17
汽油	30.75	30.29	29.44	31.11	30.10	27.66	29.97	30.13
煤油	6.08	5.88	6.07	5.99	6.46	7.40	6.72	6.65

续表

项目 \ 年份	2005	2006	2007	2008	2009	2010	2011	2012
柴油	48.4	48.63	48.80	49.95	49.53	50.65	48.64	49.15
燃料油	7.82	8.37	9.18	5.66	5.97	5.95	5.33	5.00
液化石油气	0.35	0.36	0.34	0.32	0.31	0.32	0.29	0.28
天然气	1.78	2.00	1.96	2.91	3.62	3.33	3.97	3.93
电力	1.95	1.93	2.03	2.07	2.15	2.41	2.46	2.85
其他	0.16	0.23	0.21	0.22	0.17	0.87	1.34	0.84

资料来源：《低碳发展蓝皮书》（2014）。

建筑业在交通运输体系中扮演着重要角色，建筑材料及其他货物的运输及周转为交通运输的发展贡献力量。在倡导低碳建筑、低碳施工的同时，不可忽视建筑建造过程中交通运输业的低碳发展。

（6）建筑垃圾回收再利用行业

建筑垃圾是在建筑装修场所产生的城市垃圾，实际工作中建筑垃圾通常与工程渣土归为一类。根据建设部 2003 年 6 月颁布的《城市建筑垃圾和工程渣土管理规定（修订稿）》，建筑垃圾、工程渣土，指建设施工单位或个人对各类建筑物、构筑物等进行建设、拆迁、修缮及装饰过程中产生的余泥、余渣、泥浆及其他废弃物。建筑垃圾与其他固体废弃物相似，具有鲜明的时间性、空间性和持久危害性。

建筑垃圾具有数量大、组成成分多样、性质复杂等特点，对环境的危害主要表现在侵占土地、污染水体、大气和土壤等方面。在处理建筑垃圾的过程中会产生大量的温室气体，是导致温室效应的原因之一。建筑垃圾包括土地开挖垃圾、道路开挖垃圾、旧建筑拆除垃圾、建筑施工垃圾和建材生产垃圾。

为了控制固体废弃物的污染，《中华人民共和国固体废弃物污染环境防治法》确立了我国固体废弃物污染防治的"三化"原则，即"减量化、资源化、无害化"的原则。如果可以对建筑垃圾进行合理的回收利用，将产生巨大经济效益，也可能成为建筑行业的新产业，既可以减少环境污染和资源浪费，还可以提供更多的就业机会。目前，我国建筑废弃物主要来源于建造阶段的丢弃、损坏，使用阶段的报废、更换和改造及拆迁阶段的废弃物，可回收再利用建材的种类主要有砖瓦、金属、木材、混凝土等。

6.2 低碳建造产业链中的政府监管

1. 低碳产业链中政府作为

政府在低碳建造产业链中与其他利益相关方之间联系密切，而这种联系多是通过法律法规、政策、行业标准、制度等体现出来。但是政府作为低碳建造的拥护者与监督者，往往很难认识到自身在低碳建造产业链中的作用。

（1）政府宏观调控与立法保障

政府要在发展过程中，发挥市场监管者作用，集中体现在制度的制定上。政府既要充分发挥制定规则，弥补市场失灵的作用；又要充分利用市场机制，尽可能地调动社会各方（包括企业、非政府组织及公民）主体参与低碳建设的积极性；完善促进低碳经济的公共服务与市场监管体系。在低碳建设过程中，无论是发展低碳产业、研发低碳技术、开发新能源还是推进节能减排都需要各部门、各区域的协调合作。

《可再生能源法》和《中华人民共和国循环经济促进法》的颁布，在一定程度上为我国低碳建设提供了法律保障，但尚未达到预期效果；其原因归根结底是法制环境不完善，缺乏必要的强制性标准、技术法规和问责机制。此外，低碳能源市场发展不成熟，法律颁布实施后，实际执行力不足。因此，应完善法律立法体系和规章制度，明确低碳建设发展原则，针对高污染和高排放行为制定惩罚规则，以立法推动来配合政府的政策和减排目标。

（2）优化低碳产业和生产结构

政府不应过于依赖大型企业减少碳排放量，应尽快制定重点行业能源利用型设备的耗能标准和节能标准，重点发展生产源头低排放（零排放）市场、末端处置能源转化市场、绿色产品和绿色消费市场及相关的科技产品市场，努力开发和生产高附加值和低能耗的产品，实现产业结构的低碳化。提高高耗能行业的市场准入标准，弱化相应产品的出口政策效应，逐步淘汰落后产能，有效降低单位碳排放强度。

（3）发展低碳科技和提升人才水平

发展低碳技术，应优先开发可再生能源和新能源、碳捕获与储存等低碳技术，提高自主创新能力，搭建国际技术交流平台，引进国外的先进技术，营造有利于低碳研究的科技环境，加快完善低碳发展的技术支撑体系。低碳科技的顺利发展一定程度上取决于人才的投入，政府应高度重视地方人才的培养与吸纳，抓好教育工程，大力培养高端人才，为低碳建设各环节打造素质优良的主力军。

（4）提高低碳评价标准和发展低碳建筑

政府应制定低碳城市、低碳社区及低碳建筑的相关标准，利用低碳城市与低碳社区的示范作用，广泛推广低碳城市建设，推行新建绿色公共建筑和高性能、能耗低、可循环利用的建筑材料，建立新的绿色建筑理念，实现城市的低碳发展。

发展低碳建筑需要政府：建立健全建筑节能政策与法规；开展建筑节能设计与评价技术、供热计量控制技术等相关技术研究；在住宅建筑中，使用可再生能源、新能源和低能耗的技术与产品；选用保温隔热材料，倡导适宜装饰，借鉴国外经验，形成天然的隔热层等。就社会、生态相关问题，和设计单位、房地产企业和生产企业进行及时有效的沟通。

（5）加强公众低碳意识和推广低碳生活方式

政府督促媒体进行低碳经济发展的宣传，让公众树立环保意识。可利用多种形式来宣传低碳发展，开展低碳教育活动，提高全社会成员的资源忧患意识、环境保护意识和低碳经济意识，引导公众积极参与低碳消费，为低碳发展营造良好的氛围。鼓励、提倡和培育健康的低碳生活方式，形成绿色消费、低碳消费和节约型消费模式。

2. 政企博弈与市场良性发展

萨缪尔森在其1948年出版的《经济学》中给出"外部性"的定义，认为生产或消费行为对其他人产生了附带的成本或收益，而施加这种影响的主体却未为之付出代价或获得报酬，即产生外部经济效果。外部经济效果是一个经济主体对其他经济主体产生的福利，这种效果未从货币或市场交易反映出来[57]。

在"公地悲剧"理论模型中，造成公地悲剧的原因是环境的外部性。当一个家庭的在羊群吃草时，降低了其他家庭可以得到的增值效益，由于人们在决定自家羊的数量时，不考虑这种负外部性，导致羊越来越多，最终导致公地

---

[57]周启蕾，胡伟，黄亚军. 绿色物流的外部性及其主体间的博弈分析［J］. 深圳大学学报（人文社会科学版），2007，24（2）：49-53.

悲剧。

　　碳排放也是存在"公地悲剧"问题，清新的空气是公共资源，具有竞争性而无排他性，一旦产权界定不清晰，就会导致企业与个人为节约自身成本而搭便车的现象。施工过程中的环境污染是由整个社会共同承担的，假设每个人的行为都只追求自身利益最大化，而降低碳排放会增加自身的成本，那么所有人都会放弃低碳施工，最终导致环境恶化。

　　低碳建造外部性表现在两方面：一是开发低碳建筑有利于减少温室气体排放，为抑制全球气候变暖做出贡献，从而保持生态平衡，改善能源紧缺现状，为人类创造更加舒适的生活环境，促进社会可持续发展；二是低碳施工尚处于初级阶段，可为后来者学习和模仿提供宝贵的实践经验。

　　相对于低碳建造两种外部性，低碳建筑表现出两种溢出效应，即经济溢出和技术溢出。由于低碳建筑具有公共物品属性，当其对资源节约和环境保护产生了正外部性，为其影响买单的不是政府，而是开发企业和消费者，因此实施低碳施工会产生经济溢出；同时，在低碳施工发展初期，低碳技术尚未成熟、管理水平和组织经验有限，尚需探索和创新，因此首批低碳施工参与者的探索和创新行为将会对其他竞争对手产生正外部性，并有利于后来者的模仿和学习，而产生技术溢出，其本质在于企业间技术转移和技术扩散行为带来的外部经济[58]。

3. 政府奖惩政策选择

　　在低碳建造过程中，利益相关者博弈很复杂。国家在宏观层面提出低碳理念，制定了相应的引导性法规及标准。由于低碳施工的外部性，并非所有施工单位都愿主动参与低碳施工。政府关心工程项目的社会效益，如对环境、市场和公众效益等的影响，而施工单位关注自身经济效益的最大化，这就导致政府与施工方的博弈问题。

　　（1）政府进行正向激励博弈

　　1）若干假设

　　政府可选策略：激励施工企业进行低碳施工，并给予一定的物质奖励 A；不激励施工企业低碳施工。施工企业可选策略：不实施低碳施工，收益为 B；实

---

[58]李姗姗. 我国低碳建筑供应链实现路径探索［D］. 重庆大学，2012.

施低碳施工，花费成本 C，施工单位总收益为 $B-C+A$。

成本 D 表示政府用于治理环境的成本，当实施低碳施工时，$D=0$。

2）模型建立，见表 6.3。

政府正向激励博弈分析表　　　　　　　　　　　表 6.3

收益矩阵		施工单位	
		执行低碳施工	不执行低碳施工
政府	激励措施	$-A, B-C+A$	$-D, B$
	不激励	$0, B-C$	$-D, B$

当政府不采取激励措施时，施工单位执行低碳施工收益为 $B-C$，不执行低碳施工收益为 B，由此可知施工单位一定不会执行低碳施工，会造成环境恶化，政府得支付环境恶化的成本。

但政府采取激励措施时，若施工单位执行低碳施工，政府花费成本 A，施工单位收益 $B-C+A$；若不执行低碳施工，政府花费成本 D，施工单位收益 B。

3）均衡分析

由模型分析得出，对政府而言，当施工单位不执行低碳施工时，无论政府激励与否，所花费的成本就是治理环境的成本，而当政府制定激励机制并且激励有效时，施工单位就很有可能选择执行低碳施工措施。从环境保护角度来看，政府最好的选择是实施激励机制。当政府对低碳施工进行激励时，施工单位就会权衡自己的利益得失，当奖励 A 大于低碳施工的成本 C 时，施工单位才会执行低碳施工。

（2）政府进行负向激励博弈

1）若干假设

政府可选策略：强制实施低碳施工，花费成本为 A；不强制企业低碳施工。施工企业可选策略：不实施低碳施工，收益为 B，若政府采取惩罚，损失 E；实施低碳施工，花费成本 C，施工单位总收益为 $B-C$。

成本 D 表示政府用于治理环境的成本，当实施低碳施工时，$D=0$。

未实施低碳施工时，$D>0$。

2）模型建立，见表 6.4。

政府负向激励模式博弈分析表　表 6.4

收益矩阵		施　工　单　位	
		执行低碳施工	不执行低碳施工
政府	惩罚措施	$-A, B-C$	$-A-D, B-E$
	不采取措施	$0, B-C$	$-D, B$

当政府不采取惩罚措施时，施工单位执行低碳施工收益为 $B-C$，不执行低碳施工收益为 B，由此可知施工单位一定不会执行低碳施工，从而导致环境恶化，政府得支付环境恶化的成本 D。

但政府采取惩罚措施时，当施工单位执行低碳施工，政府花费成本 A，施工单位收益 $B-C$；若不执行低碳施工，政府花费成本 D，施工单位收益 $B-E$。

3）均衡分析

由模型分析得出，对政府而言，当施工单位不执行低碳施工时，无论政府激励与否，所花费的成本就是治理环境的成本，而当政府强制实施并且惩罚措施有效时，施工单位就很有可能选择执行低碳施工措施，从环境保护角度来看，政府最好的选择是实施惩罚机制。如果政府强制进行低碳施工，施工单位就会权衡它的利益得失，当政府激励的惩罚 E 大于低碳施工的成本 C 时，施工单位才会执行低碳施工。

4. 政府选择激励模式的影响

由以上博弈结论可知，施工单位不愿主动实行低碳施工，只有政府选择正向激励或负向激励有效，施工单位经过权衡，确定是否进行低碳施工。

政府采取正向激励的情况下，企业将在实施低碳施工的成本与获得补贴之间进行权衡，大多数企业只有在获得补贴大于付出成本时才选择低碳施工，这是一种"利润至上"的经营理念。

政府采取负向激励的情况下，没有低碳施工经验的企业不得不推进低碳施工，经验越缺乏，要付出的代价越高；在此情况下，企业会逐步调整其目标、完善低碳施工制度，企业将经营理念将由"利润至上"向利润与环境兼顾的方向转变。

因此低碳施工的推进首先要靠政府强制实施，转变某些企业的经营理念，重视企业的社会责任和环境和谐，履行以人为本的价值观，保证财务绩效、社会责任和外部环境的和谐统一，实现可持续发展。

三方利益相关者激励机制见图 6.1。

图 6.1　三方利益相关者激励机制

6.3　低碳建造产业链运行机制

按照系统论的观点，机制是指通过系统中各组成部分的互相联系、互相制约使得整个系统有序、高效运行的程序、制度的总和。系统论还认为，系统内部各要素之间存在着相互依赖和制约的特定关系，它们共同作用使系统显示出特定功能和综合行为。对系统内各要素进行合理的排序、组合，以达到能够使系统的功能得到最大限度发挥的目的。

但是，系统不是孤立的，它存在于一定的外部环境之中，并且时时刻刻与外部环境保持着联系，系统通过与外部环境进行物质、能量和信息的交换来发展壮大。外部环境的变化对系统的功能发挥具有很大影响，所以，系统要及时调整内部各部分结构以适应环境的变化。

此外，系统的有效运行需要一系列的方法、手段来协调、管理和监督，既要使系统内部因素得到合理的排列组合，以使其功能之和达到最大，又要保证系统在外部环境中得到有利的发展，这些促进系统运行的方法、手段就构成了系统的运行机制。

因此，低碳建造产业链运行机制就是在低碳施工产业发展的过程中，从项目低碳建设系统内部和外部对其进行协调、管理、监督、保障的方法和手段的总和。

1. 低碳建造产业链合作机制

工程建设全寿命周期涉及产品研发、咨询设计、建材采购、施工、销售、运营、废弃物回收利用等产业环节。每个产业节点都有很多企业参与，各产业节点成员的选择决定了产业链的结构和运行。低碳建造产业链的顺利、高效运行在很大程度上取决于合作伙伴的情况。现实生产中，合作伙伴的选择主观性和随意性较大，导致风险性提高，可能造成不必要的损失。为保证低碳建筑产业链顺利、高效运行，有必要制定一套合理的低碳建造产业链合作伙伴选择评价标准。

（1）评价指标体系的内容

根据低碳建造产业链自身的特点，产业链合作伙伴评价指标体系主要包括以下方面内容：企业实力、节约能力、创新能力、链接能力和企业信誉。

1）企业实力

一方面，实力强的企业在自己的发展过程中，能够带动其他企业的发展，从而实现整个产业链的良性发展。另一方面，实力较强的企业在技术、设备以及人力资源等方面占有很大优势，既可以降低低碳施工的成本，又可以增加内部和外部效益。

2）节约和再回收能力

低碳施工既要求节约能源的投入，也要求加强对建筑垃圾的回收利用。如果一个企业在资源的使用方面可以做到开源节流，那么它必定是一个很好的合作伙伴。低碳施工产业链中的合作企业应当从自身做起，改变高耗能、高污染的粗放型生产方式，努力提升能源节约和再回收利用的能力。

3）创新能力

创新是企业发展进步的灵魂和动力，一个企业如果缺乏创新精神，必将原地踏步，停滞不前，最终被社会所淘汰。只有创新才能提高长期合作的能力，保证整个产业链的稳定性和发展性。在低碳建造中，创新显得尤其重要，低碳建材、低碳技术的不断更新，都是创新所带来的。创新能力指标具体包括：过程创新能力、管理创新能力、组织创新能力、技术创新能力、文化创新能力。

4）链接能力

链接能力是与产业链中其他产业的合作能力，即企业处理与上下游合作伙伴间关系的水平。一方面，良好的链接能力促进双方实现合作共赢，为双方带来长久的合作。另一方面，良好的链接能力可以为企业间的深度合作奠定基础，同时吸引更多的合作伙伴。

5）企业信誉

企业信誉关系到企业长远的发展，在一个产业链中，如果某一企业信誉较低，不仅会影响其所在产业链中其他企业的发展，也会限制自己的发展，尤其是在建筑业中，信息比较公开透明，一旦出现不守信誉的情况，该企业在行业内就很难立足，难以成为产业链中优秀合作伙伴的候选人。

（2）综合评价方法选择

指标体系构建完后，要进行评价方法的选择，评价方法的选择直接影响评价结果的准确性。已有的评价方法包括层次分析法、模糊综合评价、灰色关联理论、神经网络、数据包络分析方法、系统动力学等。其中层次分析法通过构建层次模型将决策问题的本质、内在联系、影响因子等联系起来，将决策过程数学化，对人的主观判断定性标准通过简单的形式定量化，使评价结构更加准确；模糊综合评价方法来源于《模糊集合》，用于解决"内涵明确，外延不明确"的问题，用精确的数学方法处理模糊的数学问题；灰色综合评价对于处理部分信息明确、部分信息不明确的"灰色"问题，以及处于动态变化的问题也可进行很好的处理，使最终结果更加精确；人工神经网络（Artificial Neural Network，ANN）通过模拟人脑神经网络的原理，建立恰当学习模型，使得出的最佳值和实际值之间的误差降到最低，该方法比较智能、高端；数据包络分析法（Data Envelopment Analysis，DEA）是由 W. W. Copper 和 A. Charnes 基于"相对效率"理论，以多指标投入和多指标产出为依据，对同类部门（单位）进行效益性评价的系统分析方法，多投入、多输出是 DEA 的重要特征。

2. 低碳建造产业链利益分配机制

从经济角度来看，低碳建造产业链是一条价值增值链，这里所说的价值包括经济价值、社会价值、环境价值等，其中最直接、明显的就是经济价值。而经济价值又是最能推动产业链顺利、高效运行的动力。经济价值越大，给企业带来的效益越高，企业效益越高为国家纳税越多，长远来看，有利于国民经济的发展。另一方面，企业效益越高，就有更多的资本用于更先进的低碳技术、低碳材料或低碳设备的投入，间接增加了环境价值，由此引出了低碳建造产业链上的利益在各个产业中合理分配的问题。

（1）全局把握—三大分配原则并行

1）利润合理原则

从经济学"理性人"角度来看，产业链中每个企业的加入和投资都是为了获得最大利润，各企业是否愿意加入低碳施工产业链，取决于低碳施工产业链和常规施工产业链所带来利润的大小，也取决于各企业投入资金的机会成本。当低碳施工产业链为企业带来的利润大于常规施工产业链，且大于各企业投资的机会成本，各企业才有动力加入低碳施工产业链，所以利益的分配首先要遵循利润合理原则。

2）成本—收益对等原则

在整个产业链中，各个企业所投入的成本是不等的，只有当获得的利润与投入的成本相对等时，各企业的内心才会平衡，才有继续投资的动力和积极性。相反，如果成本和收益不对等，而每个企业都想以最低的投资来获得最大的收益，长此以往，各企业间的平衡必然会被打破，最后导致产业链的断裂。

3）利益—风险对等原则

风险是指可能带来损失的不确定性，在企业的投资过程中，高回报一般都伴随着高风险，可能造成巨大的损失，因此，各企业最终获得的利益必须与其承担的风险成比例。承担风险大的企业应该获得更多的利益，以此调动企业的积极性。因此在整个产业链中要根据各个企业所承担风险的大小，制定合理的利益分配机制，保持产业链的稳定性。

（2）精益求精—"合作博弈"纵贯全程

在项目建设全寿命周期内，产业链上各环节能否实现各自满意的收益率，是低碳建造产业链能否维持稳定的重要保证。低碳建造产业链中各经济主体为实现一定的战略目标，通过战略联盟形成收益 1+1>2 的组织形式。战略联盟能整合分散成员的资源而形成资源优势，提升企业运作速度，并降低风险；加强合作者间的技术交流，有利于营销向纵向和横向扩展，使合作者进入单方难以进入的新市场，比单方自行发展更具有灵活性，最终达到双赢。由于我国市场经济不完善，各企业生产要素的稀缺程度不同，低碳建造产业链中经济主体间不可能形成平均利润。因联盟而产生的效益增加应在联盟成员间进行合理的分配，才能形成稳定的联盟关系。因此，低碳建造产业链中的经济主体间的战略联盟得以发展和巩固的核心就是利益的分配和问题的协调，其实质就是一个合作博弈关系。

1）基于 Shapley 值的分配方法选择

低碳建造产业链的利益分配方法参考有关专家学者研究成果，可以总结出三种：平均分配、按投入比例分配、风险加投入比例分配等。平均利益分配法简单易行，但是结果不科学、不合理，长期应用会削减很多合作伙伴的积极性；按照资源投入比例大小分配，确保了收益与投入的对等，但是风险因素没有考虑进去，具有不可持续性；若将风险加进去，按照资源投入比例分配，但是风险的种类繁多，不可准确预测，操作起来十分困难，因此实用性也不高。

低碳施工产业链各节点合作伙伴可以看作一个个的经济主体，其相互关系实质是合作博弈性质关系，合作博弈可以构造出一种折中的适宜结果，达到利益合理分配的目的。基于 Shapley 值法的利益分配不同于前面提到的三种利益分配方法，它是以各节点企业在该产业链联盟中对产生经济效益过程的贡献程度为基础而形成的一种分配方式，相比较其他三种方法具有动态性、适用性。

2) Shapley 值法

低碳建造产业链中经济主体间的合作博弈关系，决定了产业链中经济主体利益分配的有效方法——合作博弈。合作博弈理论中赋值法的目标是：对每种博弈形式，构造一种综合考虑冲突各方要求的、折中的合理结果。这种基于 Shapley 值法的利益分配方式既不是平均分配，也不同于基于投资成本的比例分配，而是基于各合作伙伴在动态联盟经济效益产生过程中的重要程度来进行分配的一种分配方式，相比较而言，该法具有一定的合理性和优越性。

①基本概念

Shapley 值法的具体操作如下：假设有 X 个局中人的集合 U，$U=$（1，2，3……X），U 中任意一子集 M 表示一个联盟，R（M）作为 M 的特征函数，其含义为联盟 M 的最大收益。X 人合作对策的解是对总体联盟所获得利益的一个分配方案，用 Y_i（M）表示局中人 i 从加盟产业链获利中的得到的利益，在此为一个分配方案，在众多 X 人合作博弈解中求出合理的唯一解即为最优分配方案。应用此方法要满足的三个公理的基本思想分别是：A. 局中人人平等，局中人通过合作得来的利益与其被标注的符号无关；B. 参加合作的局中任意成员如果对该合作无贡献，则利益分配为零，并且所有局中人的分配利益之和等于合作组织的全部利益；C. 在集合 U 中任意两个特征函数 R、V，存在 $Y(R+V)=Y(R)+Y(V)$，当 U 中的局中人进行两项合作时，被分配的利润是两项利润之和。

低碳建造产业链是满足上述三个公理思想的，因此可以将 Shapley 值法用于低碳施工产业链利益分配，并且 Shapley 值唯一存在。

在合作集合 U 中第 n 个成员的分配利润为 Yn（r），则

$$Y_n(r) = \sum w(|m|)[r(m)-r(m-n)], i=1,2\ldots x \quad 公式（6\text{-}1）$$ 其中，$m \in mi$，$w(|m|)=(x-|m|)!\,(|m|-1)!\,/x!$ 公式（6-2）

公式（6-1）中：

　　m——U 中包含局中人 n 的所有子集；

　　$x!$——代表阶乘，x 为 U 中的所有人数；

　　$m-n$——联盟 M 减少成员 n 后形成的子集；

$w(|m|)$——加权因子；

$r(m)$——子集联盟 M 的效益。

②应用实例

　　为了讨论方便，假设甲、乙、丙三个与低碳施工相关的企业，各自单个经营获利分别为 1 万元；甲＋乙，即甲、乙合作总收益 7 万元；甲＋丙，总收益 5 万元；乙＋丙，总收益 4 万元；甲＋乙＋丙，总收益 10 万元。如果甲＋乙＋丙，即甲、乙、丙合作后利润平均分配，则各自大约得到 3.3 万元的利润，虽然该利润比甲、乙、丙各自经营所获利润要高，但是若出现甲和乙合作，则按平均利益分配，则每个企业各得 3.5 万元，高于甲、乙、丙三家联合，因此甲、乙可能不会积极加入甲、乙、丙构成的联盟。于是借鉴 Shapley 值方法来进行利益分配，求出 $Y(r)$ 的值，甲、乙、丙企业分别作为局中人 1、2、3，其各自的分配利益 $Y_i(r)$，

$$i=1,2,3.$$

计算如表 6.5 所示。

低碳建造产业链中企业 1 的利益分配计算表　　　　　表 6.5

合作形式	1	1+2	1+3	1+2+3
$r(m)$	1	7	5	10
$r(m-1)$	0	1	1	4
$r(m)-r(m-1)$	1	6	4	6
$\|m\|$	1	2	2	3
$w(\|m\|)$	1/3	1/6	1/6	1/3
$w(\|m\|)[r(m)-r(m-1)]$	1/3	1	2/3	2

　　最后一行求和得 $Y_1(r)=4$ 万，同理得到 $Y_2(r)=3.5$ 万元，$Y_3(r)=2.5$ 万元。通过验证得出：$Y_1(r)+Y_2(r)+Y_3(r)=10$ 万元，并且 $Y_1(r)>1$ 万元，$Y_2(r)>1$ 万元，$Y_3(r)>1$ 万元，$Y_1(r)+Y_2(r)>7$ 万元，$Y_1(r)+Y_3(r)>5$ 万元，$Y_2(r)+Y_3(r)>4$ 万元，因此，甲、乙、丙三家企业合作收益最高，按照 Shapley 值法分配利润提高了各自加入并维持产

业链联盟的积极性，使低碳施工产业链更加顺利、高效运行。

3. 低碳建造产业链竞争机制

有了产业链的合作机制、利益分配机制，还要有相应的竞争机制来保障产业链的稳定运行。三者之间相辅相成，以实现产业链的健康发展；其中形成产业链并实现产业链正常运行的基本条件是合作机制，而利益分配机制是产业链运行的核心，最终竞争选择机制是产业链高效运行的保证。

（1）产业链效率保证—竞争机制

竞争机制是市场经济优化社会资源配置的有效的方法。在市场经济中，市场要素之间的内在关系、供需变化、价格涨落等市场行为很大程度上都受到竞争机制的约束，竞争机制是市场经济体制的有效驱动力。市场经济是在物质利益的基础上，实现效用最大化，通过有效的竞争机制调配资源，不仅能高效合理地完成社会资源的配置，还可以使市场主体自发地进取，所以只有通过竞争才能带动市场的积极性、创新性，从而提高生产效率，促进科技进步。产业链中的竞争可以使产业链内节点企业不断通过优胜劣汰的选择机制，进行更新发展。

在产业链运行中，竞争有着不可替代的作用。竞争可以令产业链获得更大的竞争优势，在产业链中引进竞争机制，产业链上的企业不断引进先进技术，降低生产成本，提高员工素质，改善经营方式，改进产品及服务争夺更多地市场份额，来实现自身的企业的生存与盈利，从而促进该产业链稳定、高效运行。

（2）降成本，促监督—低碳建造产业链竞争机制

低碳施工产业链的竞争机制，在有效监督机制的前提下，合理配置施工产业链上的资源，实现各个企业自身利益最大化，进而使整个产业链整体利益最大化，确保产业链高效、稳定运行的监督—竞争机制。

在低碳建造产业链中引入恰当的竞争机制，有利于降低建设成本，尤其是在产业链内某节点企业的密集较大时，即同一产品有众多的提供者时，例如：目前的施工企业密集程度较大，施工企业间竞争激烈，竞争优化产业链上的资源配置，提高了产业链的经济效益，降低了产业链的成本，增强了产业链的核心竞争力。在低碳施工产业链中各环节，如研发、建造、销售等，都可以适时地引入竞争机制。产业链中企业间的中间产品的价格也应在竞争机制下，通过谈判达成一致，并且谈判是动态的、反复的、多回合的讨价还价过程。在低碳施工产业链中引入竞争机制，规范节点企业的竞争和纵向的谈判，优化产业链中资源配置，能

提高产业链的经济效益，降低产业链的成本。由于竞争使新企业不断地进入产业链，原有的低效率企业被淘汰出产业链，实现产业链的动态调整，从而不断地提高产业链的竞争力。

在低碳建造产业链中引入恰当的竞争机制，为产业链的高效运行营造良好的氛围。低碳施工产业链的整体利润是由各节点的利润共同构成，然而有些企业为了赚取更高的剩余利润，采取欺骗等不正当竞争手段，追求自身利益最大化，但却损害了产业链上其他企业的利益，导致低碳施工产业链整体利益减小并且出现分配不均衡，引起产业链上其他环节纷纷效仿恶性竞争方式，采用不合理甚至违法的竞争手段，以损害他人利益来实现自身利益的最大化。如果低碳施工产业链长期处于这种恶性竞争状态，必然导致链条运行崩溃。为了防止此现象发生，低碳施工产业链的竞争机制应不同于一般竞争机制，该竞争机制应针对产业链上每个环节，引进适当的监督机制，对每个环节进行有效监督，尤其要对企业的竞争手段进行行之有效的监管。

（3）拒绝不正当竞争—强化机制管理

低碳施工产业链的快速发展离不开良好的竞争机制，然而在有恶性竞争存在的低碳施工产业链中，如某些企业进行行业垄断，肆意抬高商品价格。在建筑业联合串标等行为妨碍了低碳施工产业链的正常运行，产生了很多不良后果，为此加强完善低碳施工产业链竞争机制，具体需从以下几点入手：第一，完善相关法律制度，政府及相关法律部门应当参考企业的趋利行为，尊重市场机制，合理制定规范低碳施工产业链竞争机制运行的相关规章，严厉打击不正当竞争行为。第二，提高低碳施工产业链企业的进入门槛，为了防止不正当竞争行为，低碳施工产业链节点企业必须达到各项标准，严禁资质造假，滥竽充数；由于合作伙伴的选择是动态的，可随时更换更好的合作伙伴，对低碳施工产业链上的企业进行合作伙伴评价体系持续考核，防止不正当竞争氛围产生。第三，信息透明化，消除信息不对称现象，避免企业产生作弊的念头，避免不合理竞争存在，防止低碳建筑市场混乱。信息透明公开制度能确保消费者理性购买，各竞争商家努力提高技术水平，创新能力，减少暗箱操作的可能。

作 者 简 介

叶堃晖，男，福建安溪人，2009 年博士毕业于中国香港地区的香港理工大学，现任重庆大学建设管理与房地产学院教授、博导、副院长，重庆大学可持续建设国际研究中心常务副主任，《International Journal of Construction Management》副主编，《International Journal of Project Management》（SSCI）、《Journal of Construction Engineering and Management》（SCI/EI）、《Journal of Management Decision》（SSCI）、《清华大学学报（自然科学版）》等 18 本国际国内期刊审稿人。主持完成国家社科基金课题 1 项、国家自然基金子课题 1 项，省部级重大及其他课题 18 项，共发表包括 25 篇 SCI/SSCI、5 篇 EI（英）在内的论文 90 余篇，出版专著 2 本，主编教材 1 部。